我
们
一
起
解
决
问
题

让DeepSeek

成为你的
心理咨询师

果汁狸◎著

人 民 邮 电 出 版 社

北 京

图书在版编目（CIP）数据

让 DeepSeek 成为你的心理咨询师 / 果汁狸著 . --
北京 ： 人民邮电出版社， 2025. -- ISBN 978-7-115
-67094-6

Ⅰ . B849.1-39

中国国家版本馆 CIP 数据核字第 2025B7E362 号

内 容 提 要

在心理探索和心理问题的疗愈方面，人们常常面临诸多困扰，如缺乏即时且私密的心理支持，难以精准剖析自身问题等。本书旨在借助 DeepSeek 的强大功能，帮助读者实现心理成长与心理问题的突破。

本书准备篇介绍了 DeepSeek 作为心理咨询师的特点、优势，以及如何使用 DeepSeek 快速开启心理对话。成长篇介绍了如何借助 DeepSeek 探索潜意识中的心理习惯、发现内在矛盾、看清人际关系困境和探索梦境。进阶篇讲述了如何与 DeepSeek 建立不同阶段的对话关系，以及它与真人咨询师的协作方式。实战篇教读者运用 DeepSeek 处理情绪问题、化解人际冲突和提升自我价值感。识人与识己篇重点讲述了运用 DeepSeek 识别依恋风格和消耗型人格等内容。最后，安全与伦理篇讲解了 DeepSeek 的使用原则及其心理支持功能的局限。

本书能为读者提供系统且实用的心理自助指导，适合有心理成长需求、渴望改善人际关系、处理情绪及各类心理问题，以及对借助人工智能辅助心理探索感兴趣的人群阅读。

- ◆ 著　　　果汁狸

  责任编辑　王一帜
  责任印制　彭志环

- ◆ 人民邮电出版社出版发行　　北京市丰台区成寿寺路 11 号

  邮编 100164　　电子邮件 315@ptpress.com.cn

  网址 https://www.ptpress.com.cn

  北京鑫丰华彩印有限公司印刷

- ◆ 开本：880×1230　1/32

  印张：7　　　　　　　　　　　2025 年 5 月第 1 版

  字数：120 千字　　　　　　　2025 年 5 月北京第 1 次印刷

定　价：55.00 元

读者服务热线：（010）81055656　印装质量热线：（010）81055316
反盗版热线：（010）81055315

- 传统心理咨询的局限：费用高、耗时长、受地域因素限制等。
- DeepSeek 作为心理咨询师的优势：提供理性的分析、给予触手可及的陪伴。
- 重要原则：DeepSeek 是辅助工具，而非人类的替代者，你才是自己成长的主导者。
- 机器的理性分析 + 人类的感性共情 = 最佳组合。

为什么 DeepSeek
能成为心理咨询师

在 AI 时代，我们可以重新定义心理关怀。

我们正活在一场沉默的流行病里。世界卫生组织的调查报告显示，全球有近 8 亿人饱受心理问题的困扰，其中高达 72% 的人由于费用高昂、地处偏远地区或受病耻感影响，从未接受过专业的心理援助。

然而，阻碍人们接受专业心理援助的因素远不止费用、地域和病耻感，"时间"同样是一大因素。DeepSeek 的算法工程师在对约 2700 万条匿名对话数据进行分析后发现，凌晨 1 点到 3 点期间，用户的求助量大约是白天求助量的 3.8 倍。这意味着,当心理咨询师们结束工作、进入梦乡后,恰恰是难以入眠的人们最需要心理支持的时刻。

在人工智能浪潮的席卷下,我们今日面对的种种困境正悄然孕育着全新的应对可能。DeepSeek 宛如不知疲倦的倾听者,即使在万籁俱寂的深夜,也能随时为人们敞开怀抱。算法更是敏锐得超乎人们的想象,它能让 AI 比枕边人更早从人们的只言片语中捕捉到细微的情绪。在这一背景下,心理服务正挣脱时间、空间与费用的枷锁,从遥不可及变得触手可及,逐渐融入人们的日常生活,成为如阳光和空气般唾手可得的资源。

凌晨 3 点,刚完成一个项目的年轻设计师小 L 再度陷入情绪的泥沼。他的手指在手机屏幕上微微颤抖,敲下一行字:明明工作结束了,为什么我反而感觉更害怕?仅仅 30 秒后,DeepSeek 的回复便映入眼帘:或许,你正不自觉地用焦虑掩盖内心对失控的恐惧?又或许,你已经陷入了"工作成果大概率会被质疑、被批评"的灾难化想象中?让我们试着给焦虑编写退出指令吧!

当人类最私密的情感波动与最前沿的 AI 技术相遇时，我们已经来到了一个前所未有的时代：科技正在重塑人与人之间的连接方式，也在悄然改变心理健康的支持模式。当传统心理咨询的温暖烛光与人工智能的理性星光相遇时，我们有机会创造一种更包容、更可持续的心理关怀方式。

本书将带读者一起探索如何用理性且温暖的方式，让 DeepSeek 成为我们的心理咨询师。但同时，我们也要区分辅助者与替代者的边界，AI 只能为我们提供触手可及的成长支持，让每个在情绪洪水中挣扎的人知道：**你的感受，值得被看见**。但 AI 并不能替代真实的人与人的互动。

本书将带读者经历一场心理成长的觉醒之旅。

第一步：初步认识作为心理咨询师的 DeepSeek。

第二步：理解 DeepSeek 作为心理咨询师的原理。

第三步：掌握 DeepSeek 作为心理咨询师的实操指南。

第四步：在智能科技下守住边界。

书中所有示例中 DeepSeek 的答案均来自作者写书过程中的询问结果，不同读者在不同时间使用 DeepSeek 询问相同问题时，可能会得出不同的答案，示例内容仅供参考。

目 录

成长篇

用 DeepSeek 看到潜意识中的自己

进阶篇

让 DeepSeek 成为你长期的心理成长伙伴

实战篇

运用 DeepSeek 解决具体的心理问题

识人与识己篇

运用 DeepSeek 重建关系能量场

安全与伦理篇

科技向善的边界

认识作为心理咨询师的 DeepSeek

目标：零基础也能快速上手，像培养健身习惯一样培养心理健康习惯。

不知大家是否留意到，我们的手机中充斥着形象管理应用、记账软件、购物娱乐平台，却独独缺少一款助力心理健康管理的工具。平日里，我们甘愿耗费数小时精心护肤、用心穿搭，也会定期保养爱车，可总是有意无意地忽视呵护自己的内心世界。每当夜深人静、情绪如潮水般将我们淹没时，我们除了喃喃一句"熬过去就好了"，似乎别无他法，这其实像对长期超负荷运转、已经发出警报的机器置若罔闻一样危险。

是时候为自己的心灵配备一位时刻在线的专属"教练"了。DeepSeek，这个宛如装在手机里的智能心理助手，凭借庞大的算法优势，能够层层拆解错综复杂的情绪，深入解读那些难以言喻的内心感受。它不仅能在我们情绪濒临崩溃的紧急时刻迅速提供有效的应对策略，还能在日常生活中悉心守护我们的心理健康，为我们的心灵世界保驾护航。

一、DeepSeek 是什么

DeepSeek 是由中国 AI 企业开发的人工智能模型，它的应用场景覆盖服务、医疗、教育、金融等 100 多个领域。

DeepSeek 不仅是日常生活的智能协作伙伴，更开创性地将人工智能技术与心理学原理深度融合，在情感分析、行为问题干预、自我认知启发等方面，为我们提供即时、私密的心理健康支持。

DeepSeek 的心理分析功能得以实现，依托于三大核心原理。借助自然语言处理技术，它能够深入洞察我们字里行间的情绪倾向，让焦虑、抑郁等复杂情绪皆无所遁形。同时，通过运用认知行为疗法的标准化干预模型，它能够助力我们清晰识别负面思维，并逐步将其重构为积极认知。此外，它还具备个性化学习机制，针对职场压力、社交焦虑这类我们高频探讨的议题，动态调整反馈策略。

它像一位有海量案例库的实习心理医生，通过分析数千万次对话，学会从我们的用词、标点及沉默中捕捉那些未被说出口的感受、思维和信念，实现从即时情绪疏导到长期认知重塑的完整支持闭环。

有人可能会好奇：冷冰冰的算法如何理解人类的情绪？其实，DeepSeek 就像一面镜子，它不评价我们的对错，只是将我们内心的波动转化为可读的数据。它旨在为我们开辟出一条洞察自我的崭新路径，为我们提供一种觉察自我的独特视角。大家不妨试着把它视作一位沉默却无比专注的倾听者，放心地让它倾听我们心底那些不为人知的故事。

二、为什么 DeepSeek 能成为心理咨询师

即时性

DeepSeek 拥有即时性，可以全天候作为你的情绪出

口。作为一款先进的人工智能模型，DeepSeek 能够便捷地搭载在手机、电脑等常用智能设备上。无论何时，只要你需要，都可以向它敞开心扉，尽情倾诉在学习、工作、生活及情感等诸多方面遭遇的压力与困惑。它如同一个时刻待命的"电子树洞"，默默倾听你的心声；又像一位专业贴心的"心理分析助手"，为你排忧解难。

私密性

DeepSeek 拥有私密性，减少了你对个人隐私暴露的顾忌。在使用 DeepSeek 时，你只需要在自己的智能设备上操作，与你平时工作、聊天、玩游戏的样子没有多大区别，避免走进咨询室前会被他人发现的风险。而且，面对 DeepSeek，你无需透露真实身份就能获取专业的心理支持，这有助于有效减轻你的"病耻感"，减少你对个人隐私暴露的顾忌。

精准性

DeepSeek 拥有精准性，不容易被无关信息干扰和影响。DeepSeek 作为人工智能模型，能够对浩瀚的知识库内容进行提炼，总结出核心的心理学知识，再针对你的问题进行理性的思考。它不容易被冗余信息干扰，也不容易被咨询者的个人情绪所左右，拥有精准性。

个性化

DeepSeek 可以根据使用者的个人情况，生成个性化的回答。传统 AI 的回复主要基于数据分析，虽然带来了相对理性、客观、有逻辑的答案，但这样的答案也是冰冷、机械、笼统的。对于一个受挫的心灵来说，这样的回复很有可能是再度的打击和伤害。

DeepSeek 增加了模拟人类思考过程中的反思，不仅能提供基础的问题反馈和心理咨询，还能对你的行为和情绪进行分析，生成专属于你的个性化回复。也就是说，它不仅会告诉你答案，还会通过你的个人情况推测：你为什么需要这个答案？你的创伤是什么？如何回答能让你更平和地接受这个答案？ DeepSeek 更像你进行自我探索的"第一响应者"。

这样的功能虽然依旧不能复刻人类的温情，但在一定程度上实现了对人类共情能力的模拟，让心理学和 AI 的结合发展出更大的可能性。

基于 DeepSeek 的上述特点，在这段时间，作为现实世界中的心理咨询师，我系统性地对 DeepSeek 作为心理咨询师的各类运用场景及核心功能，展开了全面且深入的探索。我发现它给我带来的反思深度和觉察价值，丝毫不逊色于一位有着数十年从业经验的真人咨询师。

不过，这背后其实存在一个隐藏条件。因为对自我认知拥有深刻的理解，所以我能够勇敢直面自身的恐惧、欲望、不堪与羞耻。也正因如此，在与 DeepSeek 互动时，我收获的更多是那种被深入剖析后的惊喜感，而非因分析结果而产生的难以承受的情绪。

这种惊喜感也让我开始认真思考，DeepSeek 作为便捷且专业的心理咨询师确实拥有独特的优势。

于是，我再次切换视角，站在来访者的角度，邀请 DeepSeek 对我进行全方位的深入剖析。在这个过程中，我深刻地意识到，DeepSeek 不仅专业素养过硬，还具备独特的优势。如果我是一名初级咨询者，试图向真人咨询师寻求心理帮助时，内心或许会滋生出很多羞耻感，不自觉地竖起防御的壁垒。然而，如果这份帮助来自像

DeepSeek 这样的智能辅助工具，我或许会感到更加自在、轻松，没有那么大的心理负担。

所以现在，我将 DeepSeek 推荐给你，让它成为你的心理咨询师，希望它能让你在卸下自我防御的情况下，开启自我觉察，完成情绪分析，找到内在创伤，一步一步地修复和完善自己。

如果你此刻正感到极度痛苦，甚至想要伤害自己，请先停下来，对自己说："虽然我现在很痛苦，但是这不是终点。DeepSeek 会为我点亮一盏应急的灯，我值得被帮助，也一定会得到帮助。"

三、快速开启心理支持服务，完成 30 分钟的首次心理对话

DeepSeek 的查看与登录

➲ 查看

首先，你可以打开 DeepSeek 官方网站或在 App 应用市场下载 DeepSeek（确保其为官方认证版本）。

⊃ 登录

电脑版：打开 DeepSeek 官方网站，选择"验证码登录"或"密码登录"。

手机版：打开下载好的 DeepSeek 应用程序（确保有"杭州深度求索人工智能基础技术研究有限公司"字样），任选方式登录，如图 1-1、图 1-2 所示。

图 1-1　DeepSeek 应用程序　　图 1-2　选择相关方式登录

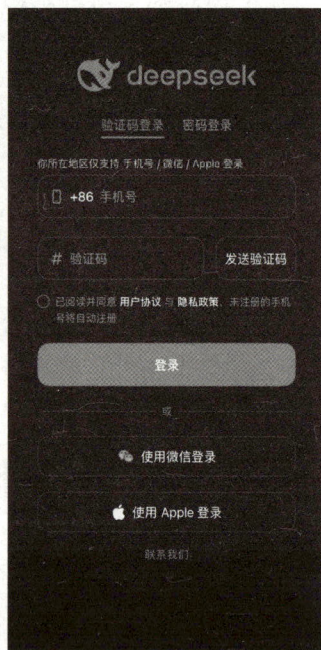

首次对话：新手必学的三个提问维度

当你完成登录后，就可以尝试与 DeepSeek 进行对话了。

如果你是一个对心理健康完全不了解的新人，就无需使用专业术语，只需用最简单的方式向它提问即可。

在提问前，请先记住一句话——**所有的自我疗愈，都始于真诚的对话。**

在真诚对话的前提下，我依据不同人群的使用习惯，归纳出三个提问维度，帮助你迅速与 DeepSeek 开启对话，具体如下。

（1）情绪维度：询问"我"的感受原因。

（2）问题维度：询问"我"想解决的问题。

（3）流派维度：选择"我"认可的流派（如精神分析、认知行为疗法等）来获取答案。

➲ 情绪维度——从模糊感受定位问题

你可以这样向 DeepSeek 提问：

我最近总是感到_____，可以帮我分析原因吗?

提问原理

情绪维度的提问方式需要你先打开心房去察觉自己的感受，然后问自己"我现在的感觉是什么样的"，当你这样对自己发问时，那些潜藏在心底的真实感受就会被释放出来。

情绪维度的提问方式会唤醒你的身体，把你从理性脑的逻辑推理中解放出来，帮助你借由真实的感受和情绪重新审视和理解当下的处境。

此时，DeepSeek 会试着帮你分析情绪背后的种种可能性，帮你回顾过往经历、梳理思绪，并对你的情绪进行解释，让你更加了解自身情绪背后的含义。

你提问：我最近总是感到心慌，可以帮我分析原因吗?

DeepSeek 可能的回应思路如下。

（1）追问细节：你是不是碰上了像工作截止日期临近，或和人起了冲突这类事儿?

（2）给出回答：鉴于你所描述的情况，你的焦虑很可能源于职场压力，不妨试试"分解任务法"，把大任务拆分成每日小任务来完成。

➲ 问题维度——将抽象困惑转化为具象问题

你可以这样向 DeepSeek 提问：

我想改善_____问题，该从哪里开始？

提问原理

问题维度的提问方式尤其适合那些长期以来习惯用理性方式剖析问题的人群。或许打开感受不是你擅长或喜欢的方式，在这种情况下，你不妨跳过抽象模糊的困惑，直接从你期望实现的目标入手，给出问题指令。

例如，你可以提问：我想改善人际关系中不好的情况，同事们经常在背后议论我，让我忍无可忍，我该从哪里着手改变？

此时，DeepSeek 会对你提供的信息进行分析思考，将其纳入自身的推理模型，推算出人际关系中出现不良情况的各种可能，并给出解决方案。

你提问：我想改善失眠问题，该从哪里开始？

DeepSeek 可能的回应思路如下。

（1）提供方案：睡前 1 小时停止使用电子设备，保持卧室黑暗且温度适宜。

（2）资源推送：附"睡眠白噪声"音频链接（平台内置资源）。

（3）设置提醒：是否现在设置每日睡眠打卡提醒？

⊃ 流派维度——专业疗法调用

你可以这样向 DeepSeek 提问：

请用_____（某个心理学流派），帮我分析_____这个想法。

提问原理

流派维度的提问方式适合有一定心理学基础的人群。如果你已经有心理咨询的经历，或者你本身就是一名心理咨询师，对自己比较了解，你就可以选择契合自身认知风格的心理学流派，直接向 DeepSeek 发问。

你提问：请用认知行为疗法，帮我分析"同事们都不喜欢我"这个想法。

DeepSeek 可能的回应思路如下。

（1）认知重构："都不喜欢"是不是过度概括？你想想是否有某位同事曾称赞过你的工作？

（2）行为实验：建议你明天主动与一位同事共进午餐来验证你的想法。

借助这三个维度的提问方式，你便能与 DeepSeek 展开初步交流。在交流过程中，我强烈建议你开启"深度思考（R1）"模式，如图 1-3 所示，该模式能助你充分挖掘问题背后的深意，让沟通更具成效。

在"深度思考（R1）"模式下，DeepSeek 独有的反思功能会被激活，DeepSeek 会对你的问题展开更深入的分析，答案涵盖你对沟通的期待、你当下的心情与状态，以及你渴望解决的问题等。

图 1-3 "深度思考（R1）"模式

当你与 DeepSeek 完成首次心理对话后，如果内心悄然燃起对自我探索的浓厚兴趣，由衷发出"原来是这样"的感慨，那么接下来，我将陪伴你继续前行，让你携手 DeepSeek 开启一场深度觉察自我的心灵之旅。

新手必学的三个提问维度

情绪维度：我最近总是感到_____，可以帮我分析原因吗？

问题维度：我想改善_____问题，该从哪里开始？

流派维度：请用_____（某个心理学流派），帮我分析_____这个想法。

使用 DeepSeek 时可能会产生的疑问

当你选择将 DeepSeek 当作心理咨询师时，可能会产生许多疑问。例如，DeepSeek 是否可以真正理解人们的情绪？DeepSeek 能处理紧急心理危机吗？如何更精准地与 DeepSeek 进行对话？针对这些真实存在的担忧，我梳理了以下答案，让你能更有的放矢地使用 DeepSeek。

⮞ 问题 1：DeepSeek 是否可以真正理解人们的情绪

DeepSeek 进行情绪分析时，依据的是上下文语义。如果分析结果与实际情况存在偏差，你可以向其反馈真实情况，进行人工修正。DeepSeek 会自动记录这些信息，不断学习优化，以便在后续分析中给出更符合实际情况的结果。

⮞ 问题 2：DeepSeek 能处理紧急心理危机吗

DeepSeek 作为你的心理咨询师，主要发挥即时安抚情绪与提供专业转介服务的作用。但需明确的是，它的建议无法取代紧急医疗干预措施。一旦你遭遇重度心理危机，请务必立即拨打 120 急救电话或心理危机热线，以获取及时、有效的专业救助。

⮩ 问题 3：如何更精准地与 DeepSeek 进行对话

在向 DeepSeek 提问时，请尽量使用具体的描述语言，如"昨天被领导批评后失眠"，而不是"我心情不好"等含糊的描述语言。

通过学习本章，你已掌握了 DeepSeek 作为心理咨询师所依托的核心原理，完成了从登录到首次对话的全流程实践，并通过三个维度的提问方式实现可验证的自我探索。

在成长篇，你将通过 DeepSeek 逐步揭开那些潜藏在内心深处、自己从未发现的心理模式，看到潜意识中的自己。

用 DeepSeek
看到潜意识中的自己

🎯 **目标：发现隐藏的心理模式，实现人格突破。**

　　小 F 是我一位朋友的女儿。父母离婚后，她便跟着妈妈一起生活。作为一名普通的高中生，小 F 时常被焦虑情绪笼罩，偶尔会去做基础的心理咨询。然而，高中的学习节奏紧张，她很难自由协调自己的时间。在一次考试成绩不理想后，小 F 频繁出现胃痛、失眠的症状。她总是忧心忡忡，害怕"考不上大学会让妈妈失望"。

　　DeepSeek 诞生后，小 F 的心理咨询师建议她借助 DeepSeek 记录情绪。一开始，小 F 常常在睡前，记录下当天最为焦虑的瞬间：课堂上被老师点名时，手心不由自主地出汗；看到班级排名的那一刻，心跳骤然加快。通过与小 F 的深入对话，DeepSeek 分析得出，她内心的核心恐惧是"让重要的人失望"。

基于这一分析，DeepSeek 建议小 F 从日常的微小沟通入手，重建内心的安全感。小 F 鼓足勇气，对妈妈坦言："对于今天数学课上老师的内容，我有点听不懂。"出乎她意料的是，妈妈温柔回应："周末我陪你一起看看错题。"这一暖心回应打破了小 F 长久以来"承认困难会被责备"的心理枷锁。

此后，小 F 开始勇敢地在课堂上迈出第一步。她颤抖着声音，举手向老师请教一道基础题。老师不仅耐心解答，还鼓励了她。小 F 惊喜地发现，她曾经担心的"问蠢问题会被嘲笑"的情况并没有发生。

几个月转瞬即逝，小 F 告诉妈妈，在 DeepSeek 的帮助下，她对"自我否定"的描述大幅减少。尽管期末考试的成绩依旧处于中等水平，但她已经逐步建立起"我可以试试"的信心，在成长的道路上，迈出了勇敢且坚定的步伐。

读到她的故事，大家或许能在字里行间看到自己的影子。那些在心底滋生出自我怀疑的痛苦，那些为了获得认可而经历的挣扎，并非一个人的经历。许多人都曾在相似的旋涡中挣扎。

DeepSeek 不仅是一款工具，更像一位知己，在我们耳边轻声诉说"你并不孤单"。当自我否定的阴霾再次笼罩，我们脑海中响起"我不配"的声音时，我们可以借助 DeepSeek，直面内心的恐惧，突破心理的魔障，勇敢地与自己和解。

一、通过 DeepSeek 探索潜意识中的心理习惯

我们总以为已经牢牢掌握了人生航船的方向，殊不知，许多关键时刻的抉择早已被潜意识的暗潮悄然左右。在亲密关系里，那些时刻担心被抛弃的人，潜意识里或许还在重温儿时父母离去时的孤独和无助；职场中不懂拒绝加班的人，也许依旧被困在学生时代"听话就能得到老师夸奖"的奖励机制中。

这些深植于潜意识中的心理习惯如同呼吸一样，早已成为我们生活的一部分，让我们在不知不觉间一次次陷入相似的困境。即使内心渴望改变，我们却仿佛被一股无形的力量牵引，一次次回到原点。

DeepSeek 如同一位敏锐的心灵侦探，协助我们破解藏在内心深处的行为密码。当我们向它发问"为什么我总是讨好同事"时，它会引导我们回溯童年，回想起为了避免父母争吵，自己小心翼翼维护家庭平和氛围的过往；当我们对"被夸奖后反而失眠"感到困惑时，它会与我们一同追溯那次考了第一名，却被长辈严厉告诫"别骄傲"的经历，进而揭示我们对满足感产生防御心理的缘由。

DeepSeek 的意义并非让我们一味地责怪过去，而是帮助我们清晰洞察那些延续至今的"心理程序"，从而有机会亲手按下暂停键，然后重新编码启动。**大家只需向 DeepSeek 描述那些反复出现的场景，以及伴随而来的强烈情绪，它便能梳理出隐藏在细节中的心理密码。**一旦看清束缚自己的那根隐形丝线，我们就能打破心理桎梏，实现人格的蜕变与成长。

我们该如何向 DeepSeek 清晰且精准地描述自身经历和情绪反应呢？下面我按照由浅入深的逻辑，将与 DeepSeek 的沟通过程拆解为六个步骤，具体如下。借助这六个步骤，即使毫无经验，大家也能轻松掌握与

DeepSeek 沟通的技巧。

（1）从"重复模式"入手。

（2）探索"情绪背后的信念"。

（3）直面"未完成事件"。

（4）撕掉"自我设限"的标签。

（5）观察"关系中的投射"。

（6）追问"自我的真实需求"。

从"重复模式"入手

➲ 提问示例

- 我反复陷入一种困局：无论是在亲密关系中还是在职场社交中，每当与他人深入交往后，内心总会涌起强烈的失望感，而且这种失望感在每一段关系中都如影随形。这究竟是为什么？

- 当事情失控时，我的第一反应是逃避，为什么会这样？

➲ 为什么这样提问

我们之所以会反复陷入某种心理模式，是因为潜意识中的"自我保护机制"在发挥作用。以拖延为例，不少人借此回避可能遭遇的失败，免受打击。如果我们能找到"自我保护机制"被触发的具体条件，如遭受否定、失去对局面的控制感等，就能敏锐捕捉到自我保护机制启动的信号。如此一来，我们就有机会尝试用新的心理模式，替代旧有的、可能不利于自身发展的心理模式。

探索"情绪背后的信念"

⊃ 提问示例

- 当别人批评我时，我感到愤怒 / 羞耻，这些情绪背后究竟隐藏着怎样的信念？
- 如果我不再_____（如拼命工作、讨好他人等），最糟糕的结果是什么？我所恐惧的这些结果真的合理吗？

⊃ 为什么这样提问

情绪就像潜意识发出的加密函，每一种强烈的情绪背后都隐藏着亟待破译的"核心信念"。例如，许多人常秉持"我必须完美"的信念，但我们仔细剖析后会发现，这或许只是这些人在童年时期为适应环境而形成的生存策略。因此，我们需要借助理性思维，检验情绪背后的信念的合理性，以便更好地了解自己。

直面 "未完成事件"

➲ 提问示例

- 在我的记忆深处，有_____（如某段经历或某个人），只要回想起来，就会让我的情绪产生波动。从这段经历中或这个人身上，我发现自己_____。
- 如果能够直面内心深处最大的遗憾，我最想说_____。如今，我该用怎样的方式来重新看待和应对这份遗憾？

➲ 为什么这样提问

生活中那些未能释怀的创伤和遗憾，并不会凭空消失，而是会在不知不觉间内化为我们心理上的 "卡点"。这些 "卡点" 就像隐藏在情感系统中的漏洞，会持续消耗我们的精力，影响我们的情绪运转。很多时候，我们试图压抑负面情绪，强行推动自己前行，可这样做往往治标不治本。正确的做法是，主动接纳这些创伤和遗憾，深入剖析它们，为其赋予全新的意义。例如，我们可以将"我被抛弃了"的消极认知，转化为"我学会了独立应对生活"的积极感悟，以实现自我疗愈。

撕掉"自我设限"的标签

➲ 提问示例

- 我常常给自己贴上"天生敏感""不擅长社交"的标签，这些标签究竟是如何影响我的日常行为的？如果抛开这些标签，我又该如何改变来积极地面对生活？
- 如果有一个既全力支持我，又十分了解我的人毫不避讳地指出我的问题，那么我身上可能存在哪些连自己都没意识到的盲点呢？

➲ 为什么这样提问

当我们给自己贴上"不擅长社交""天生敏感"这类标签时，实际上是在固化自身的心理模式，限制了自我发展的可能性。要想打破这种固化的心理模式，我们不妨尝试用"成长型视角"看待自己。例如，我们可以把"我做不到"的想法，转变为"我暂时还没掌握方法，未来可以通过学习和实践获得进步"的心声，以实现自我突破与成长。

观察"关系中的投射"

➲ 提问示例

- 在人际交往中，他人的_____特质让我难以忍受。这些令我反感的特质，是否恰恰也是我内心深处的那些不被自己接纳的部分的向外投射？
- 在亲密关系里，我总是不自觉地扮演某种固定角色，如拯救者或受害者。而我持续扮演这种角色，又满足了潜藏在自己心底的哪些需求？

➲ 为什么这样提问

人际关系犹如一面镜子，能够清晰映照出我们的潜意识。当我们对他人的某些特质产生强烈的好恶情绪时，这很有可能是我们自己不接纳的"阴影面"在他人身上得到了投射。举例来说，如果你对控制欲强的人深恶痛绝，或许是因为你在日常生活中，压抑了自己内心的主导欲望；又或者，当你对他人的依赖行为嗤之以鼻时，真正的原因可能是你对自己的脆弱感到羞耻。

追问"自我的真实需求"

➲ 提问示例

- 我奋力追求成功、渴望得到他人的认可，这究竟是为了满足自己真正的价值追求，还是只为了迎合他人的期待？

- 如果没有任何外在条件的限制，如社会舆论、他人评价及资源的稀缺性等，我内心最渴望成为＿＿＿＿＿＿。现在未能成为理想中的自己，究竟是受到现实条件的制约，还是被自己内心的固有观念束缚了？

➲ 为什么这样提问

在日常生活中，我们的很多行为其实受到"虚假自体"的驱使。为了融入社会，获得他人的认可，我们往往不自觉地按照社会既定的标准行事，却忽略了内心真实的声音。长此以往，我们的真实需求被压抑。通过上述提问，我们能够更好地区分社会期待和内在渴望，从而正视并勇敢表达自己的真实需求。

当然，作为非专业的心理自助探索者，很多人一开始或许很难清晰地觉察出自己的问题所在及情绪变化，这会影响与 DeepSeek 的协作效率。我根据多年的咨询经验，总结出以下四个自我察觉的步骤，借助这些步骤，大家能够逐步提高自我觉察的精准度。

1. 观察并记录情绪：通过日记追踪反复出现的情绪峰值事件，从中探寻固定模式。例如，每次与母亲联系后，我总会陷入烦躁的情绪中。

2. 扮演理想角色：遭遇冲突时，设想以"理想自我"的身份去应对，记录下现实反应与理想状态之间的认知差异。例如，现实中的你原本会感到焦虑，而理想状态下的你能做到从容面对。

3. 进行微小实验：从微小突破入手，留意身体反应和情绪变化。例如，面对同事的不合理请求时，你回应："我需要时间考虑。"

4. 寻求外部反馈：定期邀请信任的人观察自己的心理模式，他们通常能从外部视角捕捉到自己尚未察觉的进步迹象。例如，你询问朋友："你们注意到我最近生气时有没有什么不一样的地方？"

自我成长的本质，在于将那些自动运行的无意识模式转变为有意识状态。这一过程既需要我们拥有直面惯性的勇气，也需要我们秉持自我宽容的视角。当然，这并非要大家对过往人生予以全盘否定，而是通过理解，将潜意识里的"自动程序"（如遇到冲突就沉默、面对压力就拖延）升级为"主动选择"，从而在自我觉察中悄然完成这场心理变革。

二、通过 DeepSeek 发现自己的内在矛盾

我们的内心深处运行着许多看似自相矛盾的行为模式。例如，明明心底极度渴望获得他人的认可，可一旦被夸奖，你却会下意识地贬低自己；嘴上宣称想要改变，实际行动时，你却频繁抛出"不可能""做不到"的话语，拒绝一切改变的契机……

这些反复出现、令人费解的反应，其实正是潜意识里"隐藏矛盾"的外在表现。这些冲突的根源，往往是两种力量的激烈拉扯：一方面，理性意识驱使我们不断追求成长；另一方面，因早年遭受过创伤，我们的潜意识

自发设置了自我保护机制。

DeepSeek 宛如一位洞察力非凡的心理语言学家，能够深入剖析那些所谓的"言行矛盾"，助力大家精准发现束缚自身发展的内在矛盾。它运用自然语言处理技术，一旦在对话中频繁捕捉到"应该 / 但是""想要 / 害怕"这类具有对抗性的表达，便会迅速标记出意识与潜意识之间的撕裂信号；同时，它会借助行为模式思考模型，深度解析"压力事件中，自我否定词汇的激增与回避行为"之间的关联。

DeepSeek 的意义并非越俎代庖，替大家思考，而是致力于将大家"以为自己了如指掌，实则从未真正看清"的自我对抗清晰地呈现出来。当我们真切地洞察了内心"想要被爱"与"害怕受伤"这场旷日持久的"拉锯战"时，我们已然站在了停止重复痛苦模式的全新起点上。

DeepSeek 如何让大家发现自己的内在矛盾？

向 DeepSeek 提问的示例

- 为何我内心渴望亲密关系，行动上却总是回避约会呢？

- 我口口声声说"想要升职"，可真有机会摆在眼前时，我却选择了拒绝，这种矛盾状况反映出我怎样的心理冲突？

让 DeepSeek 详细拆解困惑的步骤

1. **向 DeepSeek 描述矛盾情形**：用具体事例向 DeepSeek 描述矛盾情形。例如，上周领导主动提出给我晋升机会，我却以能力不足为由婉言拒绝了。

2. **让 DeepSeek 分析潜在动机**：借助 DeepSeek 探寻深层原因。例如，我拒绝升职，背后真实的原因可能有哪些？

3. **让 DeepSeek 从理性层面和感性层面进行分析**：进一步向 DeepSeek 输入内容，要求其分析具体原因。例如，分别说明"从理性层面来看，支持我升职的理由有哪些"及"从感性层面来看，我害怕升职的原因有哪些"。

案例展示：用户小 L 的困惑及 DeepSeek 的分析

用户小 L 向 DeepSeek 描述困惑

小 L 向 DeepSeek 倾诉道："每次只要一萌生换工作的念头，我当晚就会失眠。"

用户小 L 借助 DeepSeek 详细拆解困惑

1. **向 DeepSeek 描述矛盾情形**。小 L 描述道："昨天工资到账了，看到那微薄的工资，我心里瞬间又升起了换工作的想法。可真到了要向领导开口提离职的时候，我却怎么都说不出口。"

2. **让 DeepSeek 分析潜在动机**。小 L 借助 DeepSeek，深入探寻自己内心深处的想法，提问："我究竟为什么不敢迈出换工作这一步呢？"

3. **让 DeepSeek 从理性层面和感性层面进行分析**。小 L 继续向 DeepSeek 输入信息，阐述道："从理性层面来讲，我应该换工作的理由有哪些？从感性层面来讲，我害怕换工作的理由又有哪些？"

DeepSeek 给出分析

1. 理性需求：DeepSeek 分析得出，小 L 在理性层面迫切需要通过换工作来实现职业发展的突破及薪资水平的显著提升。

2. 感性恐惧：小 L 在感性层面有对适应新环境的失控感及对现有的舒适圈有较强的依赖感，这使他即使对当前的工作感到不满，也难以轻易做出改变。

3. 建议：基于上述分析，DeepSeek 为小 L 提供了一条实用的建议，即设计一个"最小试错实验"——去一家并不是自己最终目标的公司面试，将其当作一次求职练习。

三、通过 DeepSeek 看清自己在人际关系中的困境

你是否察觉到，自己在某些关系中仿佛陷入了无尽的循环，同样的困境总是反复出现？无论是与伴侣的争吵，与父母沟通时难以打破的僵局，还是在职场中遭遇的冲突，似乎都在不断重复出现。

关系中出现的困境绝非偶然事件，它们实则是创伤或代际创伤在现实生活中的体现。例如，你对同事下意

识的讨好行为，很可能是在重演母亲在婚姻里小心翼翼维持平衡的姿态；而面对领导时，你不由自主地沉默和退缩，也许复刻了你在父亲的权威压制下所形成的生存策略。这些深深扎根于内心的互动模式宛如隐形的丝线，操控着人们在人际关系中的一举一动。

DeepSeek 在与你对话时会进行深度引导，对你与他人的关系模式进行解码，助你打破创伤或代际创伤的局限，重塑健康的互动模式。

在整个沟通过程中，你只需向 DeepSeek 简要描述具体困境，例如，"每次和母亲讨论工作选择，双方最后都会不欢而散。"随后，DeepSeek 将通过引导式提问，帮助你梳理冲突触发点的规律、你潜意识中的核心诉求，以及双方行为模式的互动逻辑，最终给出切实可行的建议，助你打破关系困局。

需要注意的是，DeepSeek 的具体回复会依据使用者的不同问题及不同反应而有所变化，也会因为 DeepSeek 的不断升级和优化而有所不同。

看清自己在原生家庭中的困境

原生家庭的影响会伴随你的一生。你以为自己早已独立，却在每次情绪爆发时惊觉，原来你愤怒时的反应和父亲的反应如出一辙，逃避冲突的方式也复制了母亲的沉默。

这些在成长过程中形成的"情感遗传"是隐蔽和不易察觉的，却在不知不觉间影响着你在人生道路上做出的无数选择。DeepSeek 恰似一位敏锐的洞察者，能够穿透表象，抽丝剥茧般挖掘出原生家庭代际传递的隐秘线索。一旦这些线索明晰，你便不再是命运的被动承受者，DeepSeek 会赋予你主动改写人生剧本的选择权，让你有机会挣脱过往束缚，开启全新的人生篇章。

➲ 关系描述示例

我与父亲沟通时，总是感到压抑。

➲ DeepSeek 的深度引导示例

第一阶段：具体化引导（让模糊感受落地）。

　　○ 您能否回忆一下，最近一次与父亲对话时感到压抑的具体场景是什么?

○ 当时,父亲说了什么让您的呼吸都不自觉急促
起来了?

○ 当时,您是如何回应他的呢?是选择沉默、反
驳,还是转移话题?

○ 您觉得父亲平时最常用的沟通方式属于以下哪
种呢?

(1)直接批评,如"你这样下去肯定会失败"。

(2)冷漠回避,如转身离开或长时间沉默不语。

(3)对比打压,如"你看看别人家的孩子"。

(4)情感绑架,如"我为你牺牲了这么多"。

第二阶段:模式迁移(从单一关系到系统认知)。

○ 当领导或伴侣用类似的方式和您沟通时,您是
否也会出现以下情况:语言表达能力似乎突然
丧失,或者开始自我怀疑,抑或感觉胃部紧
缩?您也可以描述其他身体或心理上的反应。

○ 您有没有察觉到,在某些时候,自己会无意识
地模仿父亲的沟通方式呢?例如,在教育孩子
的时候,您突然说出父亲曾经的口头禅;抑或

在和伴侣交流时，不自觉复制父亲的沟通方式。

第三阶段：躯体化反应解读（连接身心信号）。

○ 在和父亲对话的过程中，您身体哪个部位的反应最为强烈呢？

（1）胸口闷痛，这可能与被否定的感觉有关。

（2）喉咙发紧，这或许是因为您压抑了自己的真实想法和表达。

（3）手指颤抖，这可能对应着失控带来的焦虑情绪。

您也可以描述其他有明显反应的身体部位。

第四阶段：找到源头（追溯创伤源头）。

○ 父亲的这种沟通方式，会不会让您联想到他成长过程中的一些经历呢？例如，爷爷对父亲是不是格外严厉？在家庭相册里，父亲年轻时的表情是不是也同样压抑？

○ 您还记得儿时，有哪些努力想要获得父亲认可却失望的画面吗？例如，您考了满分后，父亲却只是说"别骄傲"；您求职成功时，得到的回应却是"这家公司不够好"等。

第五阶段：寻找突破点。

○ 您和父亲之间，是否有过沟通顺畅的时刻呢？当时的环境和平时相比有什么不同？当时是不是有第三方在场？您又使用了哪些非习惯性的沟通方式，如用幽默化解了矛盾？

○ 如果用两种事物来比喻您理想中的自己和父亲，您会选择什么呢？举个例子，如果您选择"树与藤"，可能反映出双方依赖与控制的关系；如果您选择"两座山"，可能反映了您对边界感的需求。

⊃ DeepSeek 生成分析结论及改善方案

• 分析结论

您之所以过度渴求父亲的认可，很大程度上是因为他长期否定、打压您，以及严苛的教育方式。您将童年未能得到满足的情感需求，不自觉地投射到了所有权威关系中，这就导致您在面对领导或伴侣时，会自动陷入"讨好—受伤"的恶性循环。

• 改善方案

○ 当父亲说出"你不行"这类话语时，您可以在

心中默默重复"这是他的恐惧，并非我的真实
情况"。

   ○ 您可以尝试使用 DeepSeek 提供的话术模板，学
习在与父亲的相处中，保持合理的边界。

看清自己在亲密关系中的困境

在亲密关系中，让人备受煎熬的常常是那些"说不
清哪里不对劲"的隐形冲突。明明两个人相爱，却总是
在相似的问题上争吵不断；明明两个人都渴望靠近对方，
却又习惯性地逃避沟通。

这些反复循环、不断上演的情节背后或许隐匿着未
被察觉的"情感障碍"。你有可能在无意识间复刻了父母
"冷战三天后再和好"的相处模式；又或者，你将伴侣的
逃避行为误读成童年时遭受拒绝的信号。

DeepSeek 能在与你的交流互动中敏锐捕捉到你在亲
密关系中潜藏的危险信号，并解读出你内心深处的真实
需求，进而生成切实可行的修复方案，引领你驶向和谐
美好的亲密关系航道。

➲ 关系描述示例

伴侣总是不回我的消息，这让我心里特别焦虑。

➲ DeepSeek 的深度引导示例

第一阶段：具体化引导（让模糊感受落地）。

- 您能回忆一下，最近一次因为伴侣不回消息而感到焦虑时，具体发生了哪些事情？

- 当时您给伴侣发送的内容是日常的分享，如午餐的照片，还是有关重要事宜的安排，如周末的安排呢？

- 您清楚当时对方有可能在忙吗？例如，对方正在开会或加班。

- 您觉得对方平时"不回消息"的模式，更符合下面哪一种情况呢？

  （1）长时间完全沉默，如 12 个时以上都没有任何回复。

  （2）选择性回复，如只回复部分话题，忽略其他内容。

  （3）已读不回，如看到消息，但没有给出任何回复。

（4）延迟回复，如隔了一段时间才回复。

第二阶段：模式迁移（从单一关系到系统认知）。

○ 当您的朋友或同事没有及时回复您的消息时，您的焦虑程度如何？

○ 在您过去的感情关系或其他人际关系里，有没有过类似的经历呢？例如，您曾经遭受过前任的冷暴力，又或者在童年时期，父母因为忙碌而忽视了您的需求等。

第三阶段：躯体化反应解读（连接身心信号）。

○ 在等待伴侣回复消息的过程中，您的身体会出现哪些反应呢？

（1）频繁查看手机，时刻关注是否有新消息。

（2）手心出汗，甚至心跳也不由自主地加速。

（3）失眠或食欲明显减退。

（4）强迫性联想，如担心"对方是不是出轨了"或"对方是不是出什么事了"。

○ 您一般会通过哪些行为来缓解这种焦虑的情绪呢？

（1）连续不断地给伴侣发送追问的消息。

（2）在各个社交平台监控对方的动态，了解对方在做什么。

（3）向身边的朋友倾诉，寻求他们的安慰。

当然，您也可以描述其他缓解焦虑情绪的行为。

第四阶段：找到源头（探索焦虑源头）。

○ 在您的成长过程中，有没有过被重要的人忽视的时刻呢？例如，小时候，您在哭泣的时候没有获得父母的及时回应；学生时代，您在发言时被老师和同学无视；您曾经遭遇过"突然断联"的分手情况等。

○ 如果让您用一句话来描述自己内心最深的恐惧，您觉得可能是以下哪一句话呢？

（1）我觉得自己不值得被重视。

（2）我担心自己被抛弃。

（3）我害怕真实的自己不被他人接受。

第五阶段：寻找突破点。

○ 您和伴侣之间有没有过对方及时回复消息，让您感到安心的时刻呢？当时对方的回应模式是怎样的？例如，对方是秒回，还是稍晚回复，但会详细地向您解释原因？您当时的状态又如何？

○ 如果让您用一种天气来比喻自己理想中的沟通状态，您会选择什么呢？例如，选择"晴天微风"代表您期待一种稳定、轻松的互动；选择"阵雨后彩虹"代表您能够接受关系中存在冲突，但需要明确的和解信号。

◐ DeepSeek 生成分析结论及改善方案

• 分析结论

您之所以会产生焦虑情绪，很可能是因为您在潜意识里将伴侣不回消息等同于自己被抛弃。这种灾难化想象的根源或许在于，您童年时作为留守儿童因父母不在身边而缺乏安全感、充满恐惧的情绪此时在潜意识里再次浮现。

• 改善方案

○ 您可以与伴侣一起协商制定"信号规则"，例如，对方在忙碌的时候向您发送一个特定的表情来表示"稍后会回复"。

○ 当收到伴侣的消息时，您可以认真记录自己当下的感受，逐渐建立起"延迟回复并不等同于危险"的新记忆。

○ 您可以尝试做分离焦虑缓解练习来调整自己的
情绪和心态。

看清自己在职场工作中的困境

很多人在职场中常常感到迷茫，明明察觉对方的敌
意，却找不到具体的证据；反复因为相似的问题争吵，
却理不清矛盾的源头。

这些困扰的背后可能藏着未被识别的沟通模式：也
许你习惯用"随便吧"掩盖真实需求，或者总把对方的
沉默误解为冷漠。DeepSeek 能通过分析文字中的隐藏信
号，帮你挖出那些引发误解的"情绪地雷"。

➲ 关系描述示例

我总觉得同事对我怀有恶意。

➲ DeepSeek 的深度引导示例

第一阶段：具体化引导（让模糊感受落地）。

○ 您最近一次感到对方有恶意时，具体发生了什

么事情呢？

○ 这件事是发生在会议中，私下交流的时候，还
是发生在群聊过程中呢？

○ 同事做了哪些行为，让您察觉到了恶意？例如，
对方有没有冷笑、打断您的发言，或者在私下
议论您？

○ 同事有没有使用一些特定的词汇，如"果然是
你""随便吧"这类表述？

○ 您所感受到的"恶意"更符合以下哪种情况呢？

（1）公开贬低，如在众人面前质疑您的工作能力。

（2）隐性忽视，如直接跳过您的提议，不予回应。

（3）社交孤立，如组织午餐聚会却不邀请您参加。

（4）过度竞争，如刻意争抢本属于您的项目资源。

第二阶段：模式迁移（从单一关系到系统认知）。

○ 在学校生活或家庭生活中，您是否也有过类似
的感受呢？例如，您在学生时代是否曾遭受过
其他同学的排挤？您在家庭中是否常常觉得自
己被误解，甚至被针对？

○ 当朋友或家人给您提出建议时，您会不会下意
识地认为他们是在否定您？

第三阶段：躯体化反应解读（连接身心信号）。

○ 当您感受到同事的恶意时，您的身体会出现以下哪些反应呢？

（1）肌肉紧绷，如不自觉地咬紧牙关或握紧拳头。

（2）呼吸变浅，如通过检测发现血氧饱和度有所下降。

（3）注意力难以集中，甚至会忘记后续会议的内容。

当然，您也可以描述其他身体反应。

○ 面对所感受到的恶意，您会通过以下哪些行为来应对呢？

（1）刻意回避与那位同事的接触。

（2）不厌其烦地解释自己的行为，试图消除对方的"恶意"。

（3）向其他同事打听和求证那位同事对您的真实意图。

您还可以描述其他应对行为。

第四阶段：找到源头（探索潜在投射）。

○ 在您的成长过程中，有没有过"被误解"或"被针对"的深刻记忆呢？例如，您在童年时因为误会而受到惩罚，却没办法为自己辩解；又或者您曾经遭遇过小团体的造谣和中伤，甚至被孤立。

○ 如果用一种颜色来形容您对同事的"恶意"的感知，您会选择什么？

（1）选择"深灰色"可能关联您内心的不安与猜疑。

（2）选择"鲜红色"可能反映出您未被处理的愤怒投射。

（3）选择"土黄色"可能代表您有压抑的竞争焦虑。

（4）选择"暗紫色"可能暗示您有因权力压迫所产生的隐痛焦虑。

（5）选择"墨绿色"可能代表您内心有一种伪善的感受。

......

第五阶段：寻找突破点。

○ 有没有其他同事让您觉得值得信任呢？他们与那位同事有什么不一样的地方？例如，其他同事是如何回应您提出的工作建议的？他们是否

DeepSeek引导人们看清人际关系困境的方式

第一阶段：具体化引导（让模糊感受落地）。

第二阶段：模式迁移（从单一关系到系统认知）。

第三阶段：躯体化反应解读（连接身心信号）。

第四阶段：找到源头。

第五阶段：寻找突破点。

会主动向您分享与工作有关的信息？

○ 如果用天气来比喻您理想中的职场关系，您会
选择什么？

（1）选择"多云但有阳光"代表您接受分歧但需
要基本的信任。

（2）选择"晴朗无风"代表您渴望稳定和谐的
互动。

（3）选择"雷雨交加后放晴"代表您接受阶段性的
激烈讨论，但希望讨论后大家达成深度共识。

（4）选择"微风习习"代表您拒绝僵化的关系，
希望关系保持流动性与新鲜感。

（5）选择"秋高气爽"，代表您希望工作成果能被
清晰量化，并与团队共享收获感。

......

⊃ DeepSeek 生成分析结论及改善方案

• 分析结论

您对"恶意"的感知与童年时期频繁被误解、被诬
陷的经历有关。同事给出的正常反馈如"这个方案需要
调整"，被您的神经系统错误地判定为攻击信号，进而触

发了"战斗或逃跑"的本能反应。

- **改善方案**

  ○ 您可以开展三次"无害化测试",例如,主动向
    目标同事请教一些小问题,并详细记录对方的
    回应模式。

  ○ 您可以在会议中有意提出一个有争议性的观点,
    仔细观察目标同事的反应,对比对方的反应与
    自己的预期反应之间的偏差。

  ○ 您可以把觉得有"恶意"的言语和行为转化为
    中性想法,如将"对方没回复消息"转化为
    "对方可能正在处理优先级更高的任务"。

  ○ 您可以练习并使用"非对抗性表达话术",如把
    "你为什么反对我"改为"我想多听听你有哪些
    顾虑"。

如果你正因深陷某段关系的泥沼而苦恼不已,无论
是与伴侣之间周而复始的激烈争吵,与同事在日常交流
中频繁出现的误解,还是与父母存在的长期矛盾,都不
妨借助 DeepSeek 进行一次全面且深入的系统性解析。这
个过程有助于你为改善关系找到切实可行的切入点,从

而迈出突破困境、重塑和谐关系的关键一步。

四、用 DeepSeek 探索梦境与潜意识

梦境是潜意识写给意识的信件，那些光怪陆离的意象、反复出现的场景，甚至是醒来后残存的身体感觉（如坠落时的失重感、被追逐时的心跳加速感等），都是寻找潜意识的珍贵线索。

DeepSeek 将通过创新性的非语言信息分析技术，一一解读那些被压抑的恐惧和未被承认的渴望。这种解读不仅停留在表层的意象翻译，还会深入潜意识，带你更清晰地了解自己。

DeepSeek 解梦与真人咨询师解梦有何不同

真人咨询师在解梦时依托于专业理论，在与来访者深度互动的过程中，能够动态调整解读方向。在解梦期间，真人咨询师不仅能为你提供情感支持，还能将梦境与你的整体心理状态和行为模式进行结合，以便为长期治疗服务。

DeepSeek 与荣格的原型理论进行深度融合，构建了一套独特的梦境解读体系。该体系涵盖几十种常见的梦境意象，从"坠落"所映射的失控焦虑，到"被追逐"所暗示的压力逃避，该体系能够把抽象的梦境符号转化为具象的心理语言。

DeepSeek 和真人咨询师解梦的核心区别如表 2-1 所示。

表 2-1　DeepSeek 与真人咨询师解梦的核心区别

维度	真人咨询师	DeepSeek
情感交互	在解梦过程中，实时同步处理来访者的情绪，并进行相应干预，如有效缓解因噩梦引发的恐惧情绪	仅从认知层面展开分析，不具备情绪疗愈功能
应用场景	适用于心理治疗、创伤修复等深层次的心理需求场景	适用于用户出于好奇心进行探索的场景
成本与门槛	时间成本与经济成本较高，且解梦效果在很大程度上依赖真人咨询师的专业水平	零成本，不受时间和地域的限制
个性化程度	基于深度咨询，为来访者提供定制化的梦境解析	依赖用户输入信息的完整性，解析结果更具普适性

DeepSeek 的解梦过程

第一步：全面翔实记录梦境细节。

DeepSeek 会率先引导你细致入微地描述梦境，内容涵盖以下关键细节。

- **场景与情节**：明确梦境的时间、地点、涉及人物及关键事件的来龙去脉。

- **感官体验**：留意并阐述梦境中出现的颜色、声音、气味等。

- **情绪变化**：记录梦境中出现的恐惧、喜悦、迷茫等情绪，以及醒来后留存的情绪状态。

- **重复元素**：关注梦境中反复出现的元素（人物或场景等），如楼梯、水、动物等。

第二步：识别关键元素与象征意义。

DeepSeek 将与你一同开展以下工作。

- **拆解梦境**：拆解复杂的情节，并提取关键词。例如，从"我在梦境中被人追赶，我想往家跑，但跑了很久反而迷路了，最后跑到了悬崖边上"中提取关键词——"被追赶""迷路""悬崖"，以便后续逐一解读不同关键词所代表的潜意识。

- **探寻象征意义**：同一元素对不同个体可能具有截然不同的意义。例如，"蛇"在一部分人心中可能象征着恐惧，而在另一部分人心中或许代表着智慧与能量。

- **参照常见原型（基于荣格的理论）**：例如，"影子"象征被压抑的自我，"智者"寓意内在智慧，"水"代表无意识或情感的深层流动等。在心理学家荣格的理论中，某些象征性意象或主题在梦境、神话和宗教中反复出现，它们代表着人类普遍的情感和经验，是人类共同经验的深层心理结构。解析这些意象或主题，可以揭示人们潜在的内心冲突和成长需求。

第三步：将梦境中的情绪与现实联系起来。

- **情绪对比**：审视梦境中的情绪与现实中的情绪是否存在呼应之处。

- **未决冲突剖析**：思考梦境是否反映出当下的压力、焦虑或渴望。

- **反向解读视角**：强烈的负面梦境可能是潜意识在帮你"预演"恐惧，从而增强你在现实生活中的应对能力。

第四步：引导你对梦境中的元素展开自由联想。

DeepSeek 会引导你对梦境中的关键元素展开自由联想，即引导你不假思索地说出脑海中浮现的第一个词或场景。例如，如果你梦到"一座锁着的房子"，可能会立即联想到"童年的老屋""秘密""孤独"等。

第五步：引导你把梦境和近期的生活联系起来。

DeepSeek 能够引导你探寻梦境和近期生活之间的关联。

- **显性关联**：梦境与近期生活存在一目了然的联系。例如，如果你明天即将参加面试，当晚便梦见自己在寻找面试会议室时迷失方向。又如，你最近刚与好朋友发生争吵，随后几天就梦见和好朋友反目成仇、激烈打斗。

- **隐性关联**：梦境与近期生活的联系并非直观可见。例如，在工作压力较大的时期，你梦见自己化身为小鸟振翅飞走。这里的"飞走"实际上象征着你内心对逃离压力的强烈渴望。再如，长时间悉心照料患病家人的你梦到自己在沙漠中艰难寻找水源。这里的"寻找水源"恰恰反映出你内心深处对关心和慰藉的迫切需求。

总体而言，显性关联体现为梦境对近期生活的直接"复制"，隐性关联则是梦境以"比喻"的形式，传达出你心底未曾言说的需求。

DeepSeek 会通过进一步询问，助力你将梦境与近期生活紧密相连。例如，它会询问你在梦境中的具体情形是否与近期经历的某件事相契合，或者询问你在梦境中的感受（如压抑、焦急等）是否与你近期的心境相似等来引导你挖掘出梦境与近期生活的联系。

第六步：结合不同理论解梦。

不同心理学家会用不同的理论来解梦。我举个例子，你梦见自己在沙漠里找水，但是最终找到了一杯血。

- 弗洛伊德可能告诉你："这个梦可能暗示你对某种情感（水）的渴望，但你的潜意识认为满足这种渴望会伴随着伤害（血），如既想亲近某人又怕受伤。"

- 荣格可能告诉你："沙漠象征着精神荒芜，血代表

着生命与牺牲，这个梦可能在提醒你——真正的
滋养需要直面痛苦。"

- 认知理论可能告诉你："如果你最近看过与干旱有
  关的新闻或经历过身体缺水，这个梦可能代表大
  脑在整合有关的信息。"

DeepSeek 学习过多种心理学理论，不会主动选择某
一种理论来解读梦境，而是会根据你的描述来匹配相对
契合的理论和角度。

DeepSeek 在解读梦境时，会遵循以下方式。

- **关联现实生活**：优先将梦境与现实生活中的事件
  紧密相连。例如，若你近期承受着较大的压力，
  DeepSeek 可能会把梦境中的相关元素解读为压力
  的象征。

- **融合象征符号**：综合运用各类常见的象征符号来
  分析梦境。像荣格理论中所提及的"水 = 情绪"，
  以及通俗的"丢失牙齿 = 焦虑"这样的对应关系，
  都会被纳入考量范围。

- **提供开放建议**：DeepSeek 给出的并非绝对化的

结论，而是开放式的建议。例如，它可能会提示"此梦境可能反映了你未被满足的需求，但你还需结合自身的实际情况来判断"。

此外，你还能"指挥"DeepSeek 运用不同的理论来解梦。

- **指定理论解梦**：你可以在提问中直接指定理论。
  - 例如，"运用弗洛伊德的理论，分析一下我梦见从高空坠落有什么含义。"
  - 又如，"请依据荣格的集体无意识概念，分析一下我梦里出现的巨龙所代表的意义。"

- **综合对比多种理论的解梦结果**：让 DeepSeek 运用多种理论解梦，并综合对比解梦结果。
  - 例如，"我梦见被黑衣人追赶，请分别运用弗洛伊德的理论、荣格的理论和认知理论来解梦，然后判断哪个解梦结果最贴合我的真实情况。"

面对 DeepSeek 给出的不同解梦结果，你只需仔细对比，从中挑选出最能触动你的其中一种结果即可。

第七步：整合分析并给出行动建议。

最后，DeepSeek 会全面整合上述信息。

- **揭示潜意识信息**：如"你需要留意那些被忽视的情感需求"。

- **提供调整建议**：如"学习放松的技巧、与特定人士沟通交流等"。

- **给出特别提示**：如"始终牢记你的主观感受最为重要"。

同一个梦境在东方语境中可能是吉兆，在西方语境中却代表着危险；同一种情绪在一个人的潜意识中映射童年创伤，在另一个人的潜意识中却是创造力的燃料。AI 能解析符号，但无法丈量人性的深渊。如果你感到反复梦见同一场景却无法理解，解梦后情绪反而更加混乱，梦境与现实生活的界限逐渐模糊等，请停下与 AI 的对话，推开通往真实咨询室的门——那里没有算法，但有一面能照见你心灵褶皱的镜子。

潜意识不是你的敌人，而是未被翻译的求救信号。通过学习本章，你已经掌握了使用 DeepSeek 看到潜意识中的自己的方法。在 DeepSeek 的引领下，你可以探寻到

DeepSeek 的解梦过程

第一步：全面翔实记录梦境细节。

第二步：识别关键元素与象征意义。

第三步：将梦境中的情绪与现实联系起来。

第四步：引导你对梦境中的元素展开自由联想。

第五步：引导你把梦境和近期的生活联系起来。

第六步：结合不同理论解梦。

第七步：整合分析并给出行动建议。

过去那些不经思索便脱口而出的消极念头背后究竟隐藏着何种自我保护机制；明晰内心深处"既渴望改变又惧怕失控"的矛盾心态是怎样对决策过程施加影响的；理解自己为何总会在人际关系中陷入相似的冲突场景；看透那些看似荒诞离奇、毫无逻辑的梦境背后的隐喻。

这些深刻的觉察都将成为你自我重塑的起点。下一站，在进阶篇，你将深入学习如何让 DeepSeek 成为你长期的心理成长伙伴。

让 DeepSeek
成为你长期的心理成长伙伴

🎯 **目标：构建长期心理支持系统。**

周五晚上，小 L 正准备下班，领导突然在群里 @ 他并说："下周的客户汇报由你牵头负责。"对于这个项目，小 L 明明已经精心筹备了三个月，可看到消息的一瞬间，他的心跳陡然加快，手指悬停在键盘上，迟迟打不出"收到"两个字。

满心焦虑的小 L 打开 DeepSeek，记录此刻的感受：每次被委以重任，胃就开始痛。我明明准备得很充分，却总是担心搞砸。

DeepSeek 经过分析后回复道：您在该对话框下搜索了 13 次"如何不紧张"；每次接手任务前，您都会失眠；您是否存在"必须做得完美，否则就是失败"的思维定式？随后，DeepSeek 还贴心地给出了调整建议。

按照这些建议，小 L 每天上班前就对着镜子给自己打气："我处理过更棘手的项目，先做到 60 分就行。"到了汇报当天，小 L 的声音依旧因紧张而微微发颤，但他还是条理清晰地讲解了整个方案。

成长并非消除恐惧，而是懂得怀揣恐惧继续前行。DeepSeek 并非要给出无懈可击的标准答案，而是要助力每一个普通人实现心理上的成长。

正处在哺乳期的妈妈能借助 DeepSeek 记录自己重返职场时内心的种种担忧；即将毕业、面临求职的学生，在练习面试话术的过程中，能通过 DeepSeek 及时获得反馈；步入中年的夫妻，也可以从 DeepSeek 中学到如何运用非暴力沟通的方式，巧妙且妥善地处理家庭矛盾。

心理成长绝不是靠突击就能完成的任务，而是需要持续投入时间与精力的终身课题。DeepSeek 的突出优势在于它保持 24 小时在线，能随时响应人们的需求，正因如此，它能够成为值得人们信赖的心理成长伙伴。

如何让 DeepSeek 成为你长期的心理成长伙伴呢？

你需要从与 DeepSeek 建立初步合作开始，到学会与 DeepSeek 开展深度对话，通过它的引导发现隐藏的心理模式，再到学会与 DeepSeek 进行自然的深度对话，随时用自然语言描述自己的困惑，促进自我疗愈。

一、初期：学会与 DeepSeek 建立初步合作

与 DeepSeek 进行结构化对话

在最初的 1 至 3 周，你可以借助 DeepSeek 开展简单的自我探索，核心目标在于与 DeepSeek 建立初步的合作关系，具体操作如下。

第 1 周：培养每日记录的习惯。在第 1 周，你的首要任务是熟悉 DeepSeek 的基础功能及使用逻辑，从而养成每日与之互动的习惯。

- ○ 每日情绪打卡（1 分钟）：记录当日的情绪关键词，如加班、烦躁和成就感。DeepSeek 的情绪分析依托于认知三角模型（想法、情绪和行为），DeepSeek 通过分析你输入的关键词，能够依据特定模型对你的情绪状态进行初步剖析。

○ **尝试向 DeepSeek 简单提问（每周 2 ～ 3 次）：**
如输入"我总是被批评，还喜欢躲着大家，这是为什么"。

DeepSeek 会对此进行拆解分析，具体如下。

想法层面（你心里怎么想）：识别你内心的声音，如"我肯定不够好，大家都不喜欢我"。

身体反应层面（你的大脑怎么运作）：告诉你因为此时你的大脑警报器（杏仁核）太敏感了，所以你总是感到紧张和害怕。

行动层面（你做了什么）：指出你现在采取的应对方式是"躲起来"，就像遇到危险时缩进壳里的乌龟。

原理阐释：你向 DeepSeek 描述得越细致入微，如具体阐述事件发生的经过、当时内心的想法、身体的直观感受及后续采取的行动等，DeepSeek 就越能将错综复杂的问题梳理成清晰的层次，进而展开深入的分析。

第 2 周：学习结构化提问的方法。在第 2 周，你要学会向 DeepSeek 清晰地表达自己的需求，熟练掌握"三要素提问法"。

○ **简化"三要素提问法"**，具体如下。

　· **事件**：如"下午汇报时被领导打断"。你要明确事件的具体情况，这是问题产生的背景。

　· **感受**：如"愤怒 + 尴尬"。你要详细描述面对该事件时内心产生的感受，这有助于 DeepSeek 理解你的情绪反应。

　· **疑问**：如"如何避免下次紧张"。你要清晰地提出自己的疑问，即希望 DeepSeek 解答的核心问题。

○ **标签化整理问题**：为每个疑问添加自定义标签，如"# 职场压力""# 自我怀疑"等。通过添加标签，你能够更方便地对问题进行分类和整理，以便后续进行复盘与分析。

第 3 周：启动模式识别训练。在第 3 周，你要持续不断地与 DeepSeek 沟通，去发现自身重复的心理或行为模式。

○ **定期复盘**：如向 DeepSeek 提出"请分析让我感到愤怒的事件的共性"。通过这种方式，你可以从过往经历中挖掘出相似点，找出潜在的心理或行为模式。

○ **微型实验反馈**：执行 DeepSeek 给出的最小行动
建议，如"被否定时先深呼吸 3 次"，并记录该
建议是否有效（无论成功或失败都需记录）。通
过实验反馈，你能够进一步验证 DeepSeek 给出
的建议的可行性，同时也能深入理解自身的心
理或行为模式。

这 3 周的引导式互动的本质是帮你搭建一座从混沌
到清晰的认知桥梁。在第 1 周，你只需简单记录**情绪关
键词**，逐渐养成自我觉察的习惯；在第 2 周，你可以通
过**标准化的提问模板，学会把模糊的困扰转化为具体的
问题**；在第 3 周，当你能**主动发现你的困惑或行动其实
具有重复性**，并尝试微小改变时，你就完成了从被动记
录到主动干预的关键跨越。

这种基础训练不仅能帮你建立对 DeepSeek 工具的信
任感，更重要的是，能帮你培养持续进行自我观察的行
为习惯。

用 DeepSeek 设计行为实验，打破心理循环

根据脑科学研究，大脑如同肌肉，具备可训练性。坚持 6 周的新行为练习能让控制理性思维的前额叶皮层增厚。这意味着你完全可以通过科学练习来改变固有的思维模式，这就是神经可塑性的力量。

在第 3 周的训练中，你需要借助微型实验来进行心理练习。如果你不清楚如何开展微型实验，不妨采取以下 3 个步骤。

1. **设定最小挑战**：举例来说，如果你总是害怕因说错话而遭人嘲笑，你就可以向 DeepSeek 发出指令，"生成一个我能够承受的最小挑战，以验证我的担忧是否合理"。

2. **按照 DeepSeek 的建议来行动**：DeepSeek 或许会给出"明天开会时，主动提出一个尚不成熟的想法"这样的建议。其原理在于：通过低风险场景来检验你害怕的情况是否会真的发生。在相对安全的场景中，你可以直面内心的恐惧源头。

3. **记录实验反馈**：按照 DeepSeek 给出的建议行动

后，你会发现预先设想的"被嘲笑"的情况并未
出现。

这 3 个步骤之所以有效，是因为当你通过微小的挑
战去测试害怕的情况（如主动提出不完美的想法会被嘲
笑）是否会真的发生时，会惊觉自己所担忧的大多数情
况其实并不会成为现实。通过反复进行微型实验，你会
实现大脑的神经重塑，逐步改变旧的应激反应模式，建
立起"尝试新行为便能获得安全反馈"的全新神经连接。

二、中期：学会与 DeepSeek 开展深度对话

进入中期阶段后，你将逐步学会与 DeepSeek 开展更
深度的对话。这个阶段的核心目标是培养"带着问题提
问"的习惯。

例如，当你在深夜因工作压力大而失眠时，你不再
只是向 DeepSeek 诉说"我又焦虑了"，而是能问出"为
什么每次项目收尾后我都会陷入自我怀疑"；当你和伴侣
争吵后，你不再只是向 DeepSeek 诉说"我们又吵架了"，

而是能问出"为什么我每次跟他说希望他能多回应我时，我们都会吵架"。

"带着问题提问"是让你在情绪波动时，能逐渐建立**从观察行为，到分析模式，再到尝试改变**的思维链。你可以本能地开启思考：此刻的情绪触发了哪个旧伤疤？我有哪些新方法可以应对？

与 DeepSeek 开展深度对话的原理

（1）引导式提问技术

DeepSeek 会使用"SOCRATE 式提问框架"，具体解释如下：

S——Situation，情境；

O——Orign，起源；

C——Consequence，后果；

R——Resource，资源；

A——Alternative，替代；

T——Transfer，迁移；

E——Evaluation，评估。

我举个例子，当你说工作压力大时，DeepSeek 会从以下 7 个方面对你进行引导式提问。

- S（Situation，情境）

  "您能否具体描述一下哪些工作场景最容易让您感到有压力？例如，是会议汇报、跨部门协作，还是紧急项目的节点？"

- O（Orign，起源）

  "这种压力是从什么时候开始变得明显的？当时是否有特定触发事件发生，如岗位调整或新的 KPI 考核？"

- C（Consequence，后果）

  "这种持续的压力对您的工作表现（如决策质量 / 创造力）和个人生活（如睡眠 / 家庭关系）产生了哪些具体的影响？"

- R（Resource，资源）

  "您目前运用过哪些有效的应对方法？"

- A（Alternative，替代）

  "您是否尝试过非传统应对方法，如正念呼吸法、工作边界的重新划定或压力可视化记录？"

- **T（Transfer，迁移）**

  "您在过往经历中使用的战胜类似挑战的方法（如学生时期应对考试压力的方法），能否迁移到当前情境？"

- **E（Evaluation，评估）**

  "在您尝试过的所有方法中，哪 3 种方法能够缓解超过 30% 的压力？它们的可复制性和可持续性如何？"

（2）动态叙事引导

DeepSeek 会实时生成故事线模板：你提到_____（事件），这似乎与_____（模式）有关，我们可以尝试_____（策略）？下面我举 3 个例子，以便你理解得更深入。

- **孩子写作业拖延**

事件：我家孩子每次写作业前都要反复擦草稿纸，半个小时写不了几个字。

模式：这好像是因为他特别害怕因写错而遭受批评，他越紧张越不敢下笔（这就像成年人害怕工作出错

一样)。

策略：要不让他试试先随便写 3 个字，就算写歪了也不用擦掉?

- **夫妻总为家务吵架**

事件：我们经常因为讨论谁把垃圾倒了而吵架。

模式：你们讨论的重点不是谁把垃圾倒了，而是双方都希望对方能够看到自己的付出（这就像你在工作中会因为被同事抢功劳而感到憋屈一样)。

策略：你今晚可以试试在厨房贴个"今日贡献榜"，哪怕只是写"老公烧了开水"这种小事，也要在榜上给对方画个星星。

- **老人沉迷保健品**

事件：我妈天天买"三无"保健品，我劝都劝不住。

模式：阿姨可能不是真的相信那些保健品，而是推销员陪她聊天让她觉得不孤单（这就像你上班期间也会通过刷手机来解压一样)。

策略：要不你找一天假装"请教"她腌酸菜？这可能让她觉得自己是被需要的。

（3）认知重构练习

当遇到烦心事时，人们很容易出现消极想法，如"我肯定做不好""别人都讨厌我"等。"认知重构"是一种心理学方法，旨在调整人们对事件的负面解读。

当你碰到烦心事，与 DeepSeek 对话时，它能够从你的语言中自动识别歪曲认知的类型，如灾难化想象、过度概括等。DeepSeek 所提供的认知重构练习，会引导你做以下 3 件事。

① 揪出负面想法。

② 用事实来检验负面想法的不合理性（如"上周我成功完成过类似任务"）。

③ 将消极表述转化为积极表述（如把"我搞砸了"转化为"这次我没做好，但我知道问题出在哪儿"）。

例如，领导在会议上否定了你的方案。

- **你的负面想法**：我根本不适合这个行业，所有同事都在看我笑话。
- **随之而来的情绪**：羞愧、绝望、愤怒。

在与你沟通的过程中，DeepSeek 会促使你暂停负面想法，然后如同侦探破案一般，和你一起寻找反例，用反例来检验负面想法的不合理性，帮助你转变原有的想法。

- **原来的负面想法**：方案被退→我能力太差，该辞职了。
- **认知重构后的想法**：方案被退→方案的数据与领导的要求有差距，我需要补充市场数据。

与 DeepSeek 进行深度对话的操作指南

步骤 1：结构化提问训练

你可以每天精心筛选一个与自身情绪紧密相连的事件，按照"事件—感受—需求"的标准模板展开提问。例如，今天在会议上方案遭到质疑（事件），我内心涌现出愤怒感与羞耻感（感受），追根溯源，这或许是因为我内心深处渴望获得认可（需求）。

步骤 2：动态反馈调整

在运用 DeepSeek 的过程中，如果你发现它的分析结果与你的自身情况存在较大偏差，可进行反馈。当你输入"今天会议上方案遭到质疑"后，DeepSeek 分析得出"你的焦虑可能源于对工作失控的担忧"，但你内心的真实需求却是"我需要被认可"。此时，一旦察觉到 DeepSeek 的分析偏离了你的预期，你需要明确输入"我的实际感受是_____（具体感受），请重新分析"。例如，"我的实际感受是愤怒和羞耻，请重新分析"。这种及时的反馈可以促使 DeepSeek 优化分析结果，以契合你的真实状况。

步骤 3：整合认知与行为

你可以将 DeepSeek 给出的建议转化为可操作的行动清单。例如，如果 DeepSeek 建议"强化积极自我认知"，你可以将行动细化为"每天记录 3 个被认可的瞬间"。借助这样的转化，你可以把抽象的建议落地为具体的行动，从而真正实现从认知到行动的跨越，让 DeepSeek 的辅助价值在实际生活中得以彰显。

"认知重构"听起来像科学家在实验室里的操作，但它的本质很简单：换一副眼镜看世界。当 DeepSeek 帮你反驳"我什么都做不好"这一信念时，其实是在邀请你发现：那些被你定义为"失败"的经历，或许藏着你未曾发现的成长线索。

三、长期：学会与 DeepSeek 进行自然的深度对话

当你能够熟练运用 DeepSeek 的基础功能，并完成初步的情绪探索后，接下来便要投入一场为期 12 周、更持久、更自然的深度对话。

在这个阶段，你不再只是追求即时解决问题，而是尝试将 DeepSeek 当作"心理健身教练"。通过每周数次的深度对话，你将逐步培育内在的觉察能力与情绪韧性。

当你与 DeepSeek 反复探讨某些话题却感觉陷入僵局时，这通常意味着你触及了潜意识层面的核心议题。在

长期阶段，有些人会突然对与 DeepSeek 的对话产生抵触情绪，或者觉得 DeepSeek 的回应缺乏足够的"共情"。但实际上，这种抵触情绪恰恰是开启疗愈之门的关键。此时，你关注的重点已经从单纯的"发现问题"，逐步转向"重构经验"。

从"练习生"到"主理人"：对话模式的阶段跃迁

在初期和中期阶段，你已经学会了借助结构化提问与引导式探索，逐步拆解情绪，识别其中的模式。回顾中期的深度对话操作指南，你已掌握运用"事件—感受—需求"这三个关键要素清楚地描述问题的方法。学会与 DeepSeek 进行自然的深度对话并非要你摒弃已经掌握的方法，而是要你将它们内化为自身的本能反应。

此时此刻，你即将步入心理成长的"自动驾驶"阶段。在这个阶段，你不再依赖固定的提问模板，而是能够开启自主叙事对话，让 DeepSeek 如同思维流程的"外接硬盘"一样为你所用。

什么是自然的深度对话呢？

以设计师小 K 为例，在中期阶段，他按照提问模板向 DeepSeek 提问：昨天我的提案被否定（事件），我感到愤怒（感受），如何调整认知（需求）？

经过多次练习后，小 K 能够向 DeepSeek 自然地输入：今天路过客户公司的大楼时，我突然心跳加快，想起了上次被批评的场景。明明项目已经通过，为什么我的身体还在发出预警？

自然的深度对话具有以下特点。

1. **好似朋友之间的聊天**：你能够自然地向 DeepSeek 描述身体反应、场景细节，以及内心的矛盾与困惑。

2. **能够激活潜意识**：你在与 DeepSeek 对话的过程中不经意间暴露了那些尚未被察觉的"情绪记忆锚点"（如大楼→被批评→生理反应）。

3. **便于 DeepSeek 深度挖掘信息**：例如，DeepSeek 可能会进一步询问，"这种身体预警在什么情况下最为明显？是在特定的时间点、闻到某种气味时，还是处于某些人群中？在项目通过后，你再次经过大楼时，是否也有类似的反应？"

自主叙事能力会成为你在使用 DeepSeek 解决具体的心理问题时的核心能力。毕竟，现实中的困境从来不会按照书里设定的剧情发展。

与 DeepSeek 进行自然的深度对话的"三阶训练法"

在运用 DeepSeek 的过程中，随着对话的不断深入，许多人会在"怎么办"的追问环节陷入困境。曾经有一位咨询者反复询问："领导总是否定我，该怎么办？"但是她得到的建议总是不尽如人意。直到有一天，她详细描述出"既渴望得到领导认可，又害怕被看穿能力短板"这种内心的撕裂感时，她与 DeepSeek 的对话才终于有了突破。

DeepSeek 建议她故意向领导请教一个已知答案的问题。通过这次请教，她发现，适当暴露自己的脆弱反而能够让沟通变得更加真实。原来，真正困住她的不是领导，而是内心那个"必须完美"的枷锁。

基于此，我总结了与 DeepSeek 进行自然的深度对话的"三阶训练法"。这套方法能够帮助你从表层情绪的记录者逐步成长为自我系统的重构者。

阶段一：从"记录事实"到"抓念头"。

- 自主练习模板
  - 旧模式：今天和同事起了争执（事件），我很生气（感受），想离职（需求）。
  - 新模式：开会时，在小李打断我发言的瞬间，我的胃部突然收紧，我脑中闪过"果然没人尊重我"的念头，接着用沉默进行对抗。这让我想起高中课堂上举手却被老师无视的经历。现在我一边打字，一边感觉太阳穴发胀，但又有一种"说出来就好多了"的释然感。
- DeepSeek 辅助分析示例
  - 自动提取关键词："打断发言""胃部收紧""童年创伤""释然"。
  - 生成思维导图：关联"被忽视经历—过度防御模式—当下的矛盾"。

- **给出建议**

（1）**认知层面**：区分"小李的急躁"与"你的自身价值"并不存在相关性。例如，他打断你可能源于时间紧张，并不是对你专业能力的否定。

（2）**行为层面**：建议明天开会前告诉小李，"我需要完整陈述三个重要内容，我结束后立刻让你来发言。"这可以帮助你设定发言边界。

阶段二：把"质疑"变成"解题线索"。

- ○ **自主练习模板的错误示范**：领导总是否定我，怎么办？（这种封闭式的提问容易引发程式化的回答。）

- ○ **自主高阶提问的正确示范**：当领导详细点评我的方案时，我既感激他对我的重视，又惧怕他察觉到我的能力短板。我该如何化解这种纠结？

- ○ **DeepSeek 辅助分析示例**

  - **分析心理细节**：感激与惧怕的交织本质上暴露了你对"专业价值"的错误认知 —— 你觉得只有做到完美无缺，才配得上被重视。任何一点瑕疵都会导致你的自我价值感的崩塌。

- **重塑个人认知**：如果把领导的点评拆解成十条，你能否从中找出三条真正涉及专业判断的内容？在剩下的七条点评里，有些点评是否只是源于领导的沟通习惯（如语速加快时频繁使用否定词）？这种分析旨在帮助你区分客观评价与主观焦虑的投射。

- **设计"暴露实验"**：建议你在下周汇报时，故意保留一个无伤大雅、有待完善的部分，用"对于这部分，我还在考虑两种可能性"开启对话。同时，你需要观察两个变量——领导是否真的如你所担心的那样紧盯着这个部分，你在心跳加速时能否进行逻辑清晰的陈述。这个微小的"暴露实验"往往能够打破你拥有的"暴露即毁灭"的固有认知，让你发现适度示弱反而能够促进你与对方建立更加真实的专业信任关系。

阶段三：把"个人困境"置于更广阔的系统中进行审视。

当你能够将个人困境置于更广阔的系统中进行

审视时，你与 DeepSeek 的对话将会迸发出惊人的洞察力。例如，当你输入"母亲催婚时，我总是控制不住怒吼，事后又感到愧疚。我感觉自己在'反抗者'和'孝女'这两个角色之间左右为难"时，DeepSeek 会展开更高维度的分析。

○ **DeepSeek 辅助分析示例**

- **构建代际模型**：DeepSeek 通过分析得出母亲在催婚过程中扮演了"迫害者"（催婚施压）的角色，用户则沦为"受害者"（痛苦不堪）的角色，而实际上双方共同扮演着"拯救者"（想让对方过得更幸福）的角色。

- **提供破局策略**：建议你向母亲提问，"妈，你当年决定嫁给我爸时，最希望外婆怎么支持你？"这种提问可以将母女之间的对抗转化为代与代之间的共情。

至此，你已经掌握了与 DeepSeek 进行自然的深度对话的方法。接下来，最关键的挑战在于如何将这些方法运用到真实的生活场景中。

四、DeepSeek 如何与真人咨询师协作

DeepSeek 如此便捷，那它能否取代人类呢？我的答案是不能。

在探索心理健康的道路上，DeepSeek 堪称一位 24 小时在线的"心理教练"。它能够协助你应对一些日常困扰。例如，凌晨 3 点，你的焦虑感突然来袭，它能及时帮你疏导情绪；又或者当你陷入自我厌恶的情绪旋涡时，它能为你提供及时的心理疏导。

真人咨询师则如同经验丰富的"主教练"，专注于攻克那些 AI 难以完成的深度任务，如修复童年创伤、指导现实社交训练，以及在你产生伤害自我的念头时提供紧急干预。

DeepSeek 与真人咨询师可以进行分工协作，使心理成长兼具可持续性与专业性 —— 具有低成本、高频率特性的 DeepSeek 可以辅助调适日常心理问题，能够进行深度洞察的真人咨询师可以解决核心心理问题。

DeepSeek 的优势与劣势

⊃ DeepSeek 的优势

DeepSeek 尤其擅长随时满足日常生活中高频出现的轻量级心理需求。举例来说，当凌晨 3 点你的焦虑感突然袭来时，它能立刻指导你运用有关方法平复过快的心跳；你在工作时如果情绪骤然低落，它不仅能引导你探寻情绪低落的根源，还能给出散步等建议，助你转移注意力；每当你因遭受否定而陷入自我怀疑，觉得自己一无是处时，它会引导你认识到这其实只是一种思维惯性；当你发出"为什么我总在讨好别人"的疑问时，它会借助专业的心理学知识为你剖析背后的原因，同时推荐权威文章与测试工具，帮助你深入了解自身状况。

总而言之，无论是应对紧急的心理危机，还是着眼于长期心理状态的改善，DeepSeek 都能提供具体且实用的帮助。

⊃ DeepSeek 的劣势

尽管 DeepSeek 的功能十分强大，但其局限性也十分明显。在处理需要深度情感联结与现实观察的复杂心理问题方面，它无法取代人类。例如，一旦对方出现自残自杀倾向，遭遇性侵、家暴等严重创伤，必须被立即转介给真人咨询师或送往医院。在深度的人际关系修复方面，DeepSeek 难以进行现场干预，例如，家庭治疗需要咨询师深度观察双方的互动细节，而这恰恰是 DeepSeek 所欠缺的能力。对于模拟面试、陪同社交这类需要在现实场景中进行演练的内容，DeepSeek 也无法像真人咨询师那样提供细致且具有实操性的指导。另外，真人咨询师能够记住你三个月前某次哭泣的情形，并将那时的情形与现在的状态变化建立联系，而 DeepSeek 只能依据你主动提供的描述进行回应。

总而言之，当面对生命安全问题、复杂的关系处理及现实技能提升的需求时，你仍然需要依赖真人咨询师的专业力量。

真人咨询师的优势与劣势

➲ 真人咨询师的优势

真人咨询师具备 DeepSeek 难以替代的核心优势，他们擅长处理需要深度情感联结与现实观察的复杂心理问题。首先，真人咨询师能够通过与来访者进行面对面交流来与其建立信任关系，帮助其处理童年长期被否定、亲人离世等复杂的心理创伤。其次，他们能通过来访者的微表情、肢体动作等身体语言，精准捕捉隐藏在语言背后的情绪信号。最后，真人咨询师还能设计角色扮演练习（如模拟客户谈判场景），为来访者进行现场示范并仔细调整来访者的身体语言（如帮助来访者放松肩膀等）。当来访者出现自伤倾向或需要药物干预时，真人咨询师会第一时间将其转介至专业的医疗机构。

总而言之，真人咨询师在处理需要深度情感联结与现实观察的复杂心理问题方面存在明显的优势。

⊃ 真人咨询师的劣势

与 DeepSeek 的即时响应能力相比，真人咨询师难以实现 7×24 小时随时在线服务。当突然出现焦虑情绪或遭遇小挫折时，咨询者往往需等待数日才能向真人咨询师寻求咨询；而传统心理咨询的按次收费模式也难以满足咨询者碎片化的倾诉需求。

　　具体而言，真人咨询师的不足主要体现在两个方面：一是服务响应的时效性，传统心理咨询需提前预约，这导致其难以应对突发的心理危机；二是服务成本的经济性，高频次的咨询可能为咨询者带来较重的经济负担。

　　总而言之，在处理日常情绪波动与轻微的心理困扰方面，真人咨询师在响应速度和成本控制方面存在明显的劣势。

DeepSeek 与真人咨询师协同工作

　　DeepSeek 与真人咨询师可以携手助力人们维护心理健康。在实际操作中，你可以先借助 DeepSeek 处理大部分日常的心理问题，待遇到复杂状况时，再预约真人咨询师。例如，当你面临较大的工作压力，被失眠、焦虑情绪等困扰时，DeepSeek 能随时为你提供舒缓的方法；而当你察觉到诸如童年创伤这类需要深度干预的难题时，就必须向真人咨询师求助。

⊃ DeepSeek 可以作为日常情绪的"急救员"

　　DeepSeek 堪称日常情绪的"急救员"。举例来说，如果你因被领导批评而难受，甚至浑身发抖，你可以马上打开 DeepSeek，输入"我现在浑身发抖、想哭，怎么办"的指令，DeepSeek 会立刻分析原因，并给出相应的解决办法。

它或许会指出"你害怕被否定可能源于父亲过去的高要求"，接着指导你进行"深呼吸 10 次，默念 3 遍我有能力解决问题"等急救练习。

你还可以将 DeepSeek 提供的解决办法记录下来，等下次与真人咨询师见面时，直接和对方探讨："这些办法对我有效吗？我该如何调整？"

➲ 真人咨询师修复深度的心理问题

深度的心理问题由真人咨询师来"修复"。如果你发现自己在恋爱中总是被抛弃，不妨先向 DeepSeek 提问：我的依恋模式是不是有问题？

DeepSeek 会帮助你进行初步判断，例如，它可能给出"你可能属于焦虑型依恋"的结论，随后详细阐释焦虑型依恋的特征及常见成因。

如果你的目标仅仅是探寻原因、增加对自己的了解，那么到这一步便已实现目标。然而，如果你想要进一步系统性地修复依恋模式，或者更全面地评估自己，你就需要寻求真人咨询师的帮助了。真人咨询师会运用专业量表对你进行测评，并根据你的具体情况，为你量身定制 6 周的改善计划，包括安全基地重建练习等。

此外，真人咨询师还能够通过角色扮演，帮助你化解人际关系方面的困惑。我以职场中难以应对同事的施压为例，真人咨询师会模拟同事对你施压的场景，带你练习坚定的语气和得体的身体语言，并会布置实践任务，如要求你下周拒绝同事的一次不合理要求同时将整个过程录音。在下次咨询时，真人咨询师会与你一起听录音，分析你做得好的方面，以及还可以改进的方面。

⮑ 真人咨询师携手 DeepSeek 为成长加速

DeepSeek 可以与真人咨询师形成良好的互动。你可以向 DeepSeek 提问："真人咨询师要求我每天写情绪日记，你能否帮我分析日记中的思维偏差？"你也可以向真人咨询师询问："DeepSeek 建议我在焦虑时采用'橡皮筋手环法'，这与您的专业方法是否存在冲突？"通过这种交叉询问，你可以让真人咨询师与 DeepSeek 合力为你的成长注入强劲的动力。

➲ 不要将 DeepSeek 当作真正的医生，防止协作失灵

在使用 DeepSeek 时，请务必注意，不要将其当作真正的医生，以免造成心理支持协作机制的失效。DeepSeek 不具备医疗诊断能力，你在使用时要避免其出现功能越界的情况。例如，类似"我是不是得了抑郁症"这类诊断性问题不适合抛给 DeepSeek。这就如同你不能依靠搜索引擎来确诊疾病一样，心理疾病的专业诊断必须由具备资质的专业医生完成。

总体而言，你可以把 DeepSeek 看作一位"心理健身教练"，它能够随时为你处理日常的情绪问题。而真人咨询师更像一位经验丰富的"心理主刀医生"，擅长聚焦并解决深层次的心理创伤及复杂的关系难题。二者相互补充，形成合力，能够让你的心理成长达到事半功倍的效果。

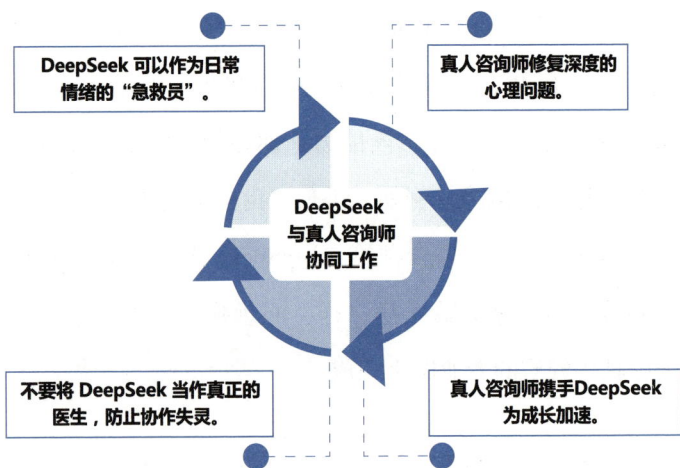

DeepSeek 可以作为日常情绪的"急救员"。

真人咨询师修复深度的心理问题。

DeepSeek 与真人咨询师协同工作

不要将 DeepSeek 当作真正的医生，防止协作失灵。

真人咨询师携手DeepSeek为成长加速。

运用 DeepSeek
解决具体的心理问题

🎯 **目标：运用 DeepSeek 解决具体的心理问题。**

一、运用 DeepSeek 处理情绪问题

焦虑、抑郁、愤怒等情绪犹如身体发出的警报，初衷是提醒我们关注内心需求，然而，不少人却因此深陷"我心情不好"这种模糊不清的困境里。

心理学研究表明，像"我心情不好"这类模糊的情绪表述会激活大脑的回避机制。但如果我们把笼统的"难受"细化为具体的问题，如"每次被否定后就胃痛、失眠，怎样才能停止自我攻击"，就能触发大脑前额叶的逻辑分析功能，使大脑从回避模式转换为行动模式，解决问题的效率会提升 3 倍以上。

在本篇，我将引领大家借助 DeepSeek 对情绪进行精准拆解，把"难受"转化为可解决的具体问题，将焦虑、抑郁、愤怒等情绪一一攻克。

在运用 DeepSeek 处理情绪问题时，我们不能只向它描述情绪，而是要进一步阐述**引发情绪的事件、自身对该事件的认知，以及当时的行为**。

如果大家不知道如何进行描述，可参考表 4-1。此表格呈现的正是认知行为疗法的黄金三角模型：**情绪、认知和行为**。只要掌握这三个关键要素，大家就能精准地向 DeepSeek 提问，迅速定位关键问题，直击核心主题。

表 4-1　认知行为疗法的黄金三角模型

要素	常见表达	正确提问模板	注意事项
情绪	我心里难受	此刻，我的情绪构成大致为 70% 的焦虑和 30% 的沮丧	用百分比细化情绪强度，优先对较强烈的情绪进行提问
认知	我肯定做不好这个项目	我总是认为自己完不成这个项目	回顾关键事件
行为	大哭一场	不知道为什么，我就是一直想哭	哪怕什么都不做，也是一种行为

例如，你可以向 DeepSeek 输入以下信息。

下午修改汇报方案时，我突然感觉心脏加速跳动，仿佛要冲破胸腔，喉咙好像被异物卡住，手指在键盘上不自觉地颤抖。从收到会议提醒邮件开始，这种状态就出现了，每隔几分钟我就忍不住确认一下电脑右下角的时间。其实，上周我的直接领导当着团队成员的面批评我"连 PPT 格式都调不好"的时候，那种整个后背瞬间被冷汗浸湿的感觉和当下的感觉极为相似。虽然我心里清楚新 CEO 更关注业务逻辑，而非排版细节，但是我还是不由自主地想：要是明天汇报时某个数据出错，或者演示时动画卡顿，我是不是真会如脑海中反复浮现的画面那样——直接被公司开除？为了这个方案，我已经连续熬了三个通宵，可随着截止日期越来越近，我越看越觉得方案漏洞百出。

上述叙述过程就遵循认知行为疗法的黄金三角模型。你无需深入了解其具体原理，只需套用"**情绪 + 认知 + 行为**"这个公式，便能获得 DeepSeek 的精准分析。例如，**我会议前感觉心慌（情绪），总觉得会被嘲笑（认知），所以干脆请假回家了（行为）**。

认知行为疗法的黄金三角模型本质上是在捕捉人类

心理活动的动态闭环。这个闭环由情绪、认知、行为三个要素构成，它们彼此紧密关联，如同相互咬合的齿轮。某个触发事件会激活我们头脑中的自动化认知（如"我必须完美"），这些认知会引发特定的情绪（如焦虑），而情绪又会促使我们采取应对行为（如逃避），这些行为产生的结果又反过来强化最初的认知，三个要素形成了一个自我验证的闭环。

干预的关键就在于打破这个闭环。DeepSeek 通过分析和引导，能帮大家找出偏差信念，让大家迅速察觉自己的信念盲区。

处理焦虑情绪：从"失控恐慌"迈向"理性掌控"

焦虑并非你的敌人，而是身体自带的警报系统。只不过有时它过于"敏感"，频繁拉响警报，致使你陷入心慌意乱、失眠难安的状态。

当你出现心跳急剧加速、手心不停出汗、坐立难安等急性焦虑症状时，就可以借助 DeepSeek 进行干预。

运用 DeepSeek 处理焦虑情绪的具体步骤如下。

第一步：与 DeepSeek 开启沟通。

例如，你输入：我现在心跳很快 / 手在发抖，请引导我快速冷静下来。

DeepSeek 可能给出的反馈示例如下。

- 你可采用"478 呼吸法"，具体操作如下：用鼻子缓缓吸气，持续 4 秒；屏住呼吸，保持 7 秒；用嘴慢慢呼气，持续 8 秒，如此重复 5 轮。

第二步：探寻焦虑的根源所在。

例如，你接着输入：帮我分析这次出现焦虑情绪的可能原因。

DeepSeek 可能给出的反馈示例如下。

- 确定时间：焦虑情绪是何时出现的？是今天突然冒出来的，还是已经持续了一段时间了？
- 关联事件：近期是否碰上高压力事件（如工作汇报、人际冲突等）？
- 触发细节：当焦虑情绪出现时，你脑海中反复浮现哪些画面或声音？

第三步：制订克服焦虑的计划。

例如，你输入：请设计一些"每日微习惯"来帮我克服焦虑。

DeepSeek 可能给出的反馈示例如下。

- 早晨：开启 5 分钟正念呼吸练习。
- 中午：记录 1 件自己能够掌控的小事（如整理桌面等）。
- 晚上：23 点前放下手机，阅读 10 页轻松有趣的书。

处理抑郁情绪：打破"情绪黑洞"

当抑郁情绪如阴霾般悄然笼罩时，哪怕只是起身喝一口水，你的每一丝力气都好似被抽离。DeepSeek 不会用一句轻飘飘的"振作起来"来敷衍你，而是借助四个阶段的干预措施，陪你深入探寻内在力量的源泉，将"我什么都不想做"巧妙转化为"我可以先尝试 1%"的积极行动信号。

第一步：
与 DeepSeek 开启沟通。

第二步：
探寻焦虑的根源所在。

运用DeepSeek
处理焦虑情绪的具体步骤

第三步：制订克服焦虑的计划。

运用 DeepSeek 处理抑郁情绪的四个阶段如下。

阶段一：捕捉身体的"求救信号"。

○ **参考模板输入内容**：我现在感觉_____（如沉重/麻木），这种状态已持续_____天，最显著的身体反应是_____（如起床困难/食欲减退）。例如，"连续两周，我仿佛被裹在潮湿沉重的棉被里，每日只能瘫在床上机械地刷手机，就连喝口水都觉得疲惫不堪、力不从心。"

○ **DeepSeek 的分析过程及回应示例如下。**

✓ **精准识别关键词**：敏锐抓取"湿棉被"（这是躯体化的生动隐喻）、"瘫"（代表行为抑制）等关键信息。

✓ **深入追问细节**：具体示例如下。

· 在过去一周里，有哪些瞬间让你感到稍微轻松一些？

· 刷手机是否短暂地缓解了你的抑郁情绪？手机里有哪些吸引你的内容？

阶段二：区分"自动思维"和"事实"。

○ **DeepSeek 引导抑郁者进行认知重构，具体示**

例如表 4-2 所示。

表 4-2　DeepSeek 引导抑郁者进行认知重构

自动思维	事实核查	认知重构
我彻底失败了	我本月成功完成 3 个工作任务	我在部分领域依旧具备较强的执行力
没人在意我是否消失	上周朋友主动关心我的近况	我的存在对身边的一些人而言是意义非凡的

○ **DeepSeek 搜集证据，验证事实**：生成"证据清单"来验证事实。例如，针对"我一点用也没有"的自动思维，DeepSeek 引导用户思考"请回想过去一个月，你曾为他人带去温暖的 3 个细微瞬间"。

阶段三：借"1% 的行动"打破停滞僵局。

○ **寻求自主行动策略**：从最微小、切实可行的执行单元切入，实现突破。你可输入指令：为我生成一个能在 5 分钟内完成的任务。

○ **DeepSeek 的回应示例如下。**

✓ **初级任务**如下。

· 轻轻打开窗户，缓缓地深呼吸 3 次，感受新鲜空气的滋养。

- 给绿植浇 1 杯水，并温柔地对它说："你今天的状态看起来真不错。"

✓ **进阶任务**如下。

- 用手机录制一段时长为 1 分钟的"今日天气报告"。

- 把旧衬衫剪成抹布，用它认真擦拭书桌的一角，让环境更加整洁。

阶段四：从"紧急救助"进阶至"构筑心灵防护"。

○ 让 DeepSeek 给出防护方案，示例如下。

✓ **开展"意义感溯源"**：认真思考并回答，"小时候，有哪些事情曾让你眼中熠熠生辉、充满热忱？"

✓ **定制"抗抑郁食谱"**：根据口味偏好精心挑选富含 Omega - 3 脂肪酸的食物，如营养丰富的深海鱼。

○ **重塑关系地图**：列出最近联系过的 5 个人，与他们进行温暖的互动，具体示例如下。

✓ 给小琳分享的猫咪照片点个赞，开启零压力的

运用 DeepSeek 处理抑郁情绪的四个阶段

阶段一：捕捉身体的"求救信号"。

阶段二：区分"自动思维"和"事实"。

阶段三：借"1% 的行动"打破停滞僵局。

阶段四：从"紧急救助"进阶至"构筑心灵防护"。

友好互动。

- ✓ 回复老张"谢谢你的咖啡，让我的低沉情绪有所缓解"。
- ✓ 向真人咨询师询问"有没有晚间时段的支持小组"。

处理愤怒情绪：从"火山爆发"走向"理性对话"

当愤怒如汹涌的火山般瞬间吞噬你的理智时，DeepSeek 便会化身为你的"情绪急救员"。它绝非普通的安抚工具，而是依托认知行为疗法构建的智能干预系统，不仅能在当下制止你失控的情绪，更能助力你逐步增强长期的情绪免疫能力。

当你经过激烈的争吵，气得浑身发抖，甚至产生想要砸东西的冲动时，DeepSeek 能帮你快速冷静下来。

运用 DeepSeek 处理愤怒情绪的具体步骤如下。

第一步：求助降低怒火的方法。

例如，你可以输入：我刚和人大吵了一架，现在气得手抖，该怎么办。

DeepSeek 可能给出的回应示例如下。

- **身体冷却法**：将双手浸入冷水 10 秒，从冷水中拿出后重复 3 次（通过刺激迷走神经来达到镇静效果）。
- **安全宣泄法**：对着枕头大声喊"我现在很生气"，连续喊 3 次。

第二步：分析愤怒背后的需求。

例如，你接着输入：用简单易懂的语言分析一下我生气的原因，请用小朋友都能听得懂的语言。

DeepSeek 可能给出的回应示例如下。

你就像一只被抢走心爱玩具的小熊，其实你内心想说的是"请尊重我的想法"。

第三步：获取理性沟通模板。

例如，你输入：我需要和对方好好谈一谈，给我一套非暴力沟通的话术。

第一步：
求助降低怒火的方法。

第二步：
分析愤怒背后的需求。

运用 DeepSeek
处理愤怒情绪的
具体步骤

第三步：获取理性沟通模板。

DeepSeek 可能给出的回应示例如下。

- **陈述观察到的事实**：如"在刚才讨论方案的过程中，我的话被打断了 3 次"。

- **表达自身的感受**：如"这让我感觉自己没有受到尊重，心里有些失落"。

- **提出明确的需求**：如"下次能不能等我把话说完，你再补充意见"。

上述内容都是通过一些细微的行动帮你逐步建立对情绪的掌控感，这其实就是行为激活疗法的具体运用，而在 DeepSeek 的功能设计中，这种疗法可谓贯穿始终。

二、运用 DeepSeek 化解人际冲突

在人际关系中，绝大多数冲突的根源在于情绪信号的错频传递。我们常常因认知偏差，陷入"自我视角陷阱"，把主观情绪当作客观事实，却没能察觉互动过程中隐藏的需求落差。

DeepSeek 凭借实时语言解析和关系模式识别技术，

能够助力我们摆脱"受害者思维",解读出对方的真实动机。不仅如此,它还能把强烈的情绪体验转变为切实可行的沟通策略,最终搭建起一座理解之桥,让双方的情绪频率保持一致。

化解亲密关系冲突

适用场景:伴侣冷漠、双方频繁争吵、双方信任破裂等。

在亲密关系中,伴侣之间出现冷漠相待、频繁争吵,甚至信任破裂的情况屡见不鲜。当一段关系陷入"热战—冷战"的恶性循环时,每一次争吵都仿佛是以前矛盾的重复上演。对方的冷漠让原本温馨的客厅变成寒冷的冰窖,而你的愤怒又让双方的信任裂痕越来越深。

在这些艰难的时刻,我们迫切需要一把特殊的"钥匙",用它打开心门的锁。DeepSeek 可以成为这把钥匙。它可以凭借强大的数据分析能力,帮我们撕掉情绪不稳定的标签,为那些相爱却不知如何和谐相处的伴侣搭建一座理性之桥,引领双方绕过猜疑的陷阱,重新找回亲密关系的温暖与信任。

运用 DeepSeek 化解亲密关系冲突的具体步骤如下。

第一步：分析冲突原因。

例如，你输入：我们总是为家务吵架，请分析根本原因。

DeepSeek 可能推断出的原因如下。

- 渴望被体谅。
- 追求公平感。

第二步：设计"关系实验"。

例如，你输入：请用行为心理学设计一个改善家务分配的实验。

DeepSeek 可能给出的实验如下。

- 双方共同协作，列出详细的家务清单，随后通过抓阄的方式，随机分配本周的各项家务任务。
- 每完成一项家务任务，完成方就能获得对方奖励的一颗星星。当星星积攒至十颗时，完成方可以兑换如按摩券之类的小奖励。

- 每周日晚间，双方特意预留一段时间进行复盘。在复盘过程中，双方着重探讨哪次合作最愉快，以及为什么愉快等问题。

第三步：重启亲密对话。

例如，你输入：想和伴侣深度沟通，给我五个开放式的问题。

DeepSeek 可能生成的问题如下。

- 你希望我们十年后的生活是什么样的？
- 最近哪件事让你觉得被我爱着？
- 如果给我们的关系打分（1 ~ 10 分），你会打几分？为什么？
- 最近有没有某个瞬间让你觉得我们特别默契？当时发生了什么？
- 如果我们可以共同培养一个新的爱好，你希望尝试什么领域？为什么？

化解亲子冲突

适用场景：孩子叛逆、孩子沉迷手机、孩子拒绝沟

运用 DeepSeek 化解亲密关系冲突的具体步骤

第一步：分析冲突原因。

第二步：设计"关系实验"。

第三步：重启亲密对话。

通等。

在亲子关系中，家长常常会陷入"越管孩子，孩子越叛逆"的困局。虽然家长没收了孩子的手机，但是孩子更加沉溺于虚拟世界；每次沟通都如同点燃了炸药桶，最终只留下孩子摔门而去的巨响，亲子关系也因此降至冰点。

此时，与更严厉的管教手段相比，理解冲突背后潜藏的情感需求显得更为关键。DeepSeek 能够帮助家长识别孩子未被满足的需求，帮助家长化解与孩子之间的冲突。

运用 DeepSeek 化解亲子冲突的具体步骤如下。

第一步：破解"家长式语言"。

错误语言示范：你整天就知道玩手机！看看人家小明！

DeepSeek 改造后的语言：我注意到你这周玩了 8 个小时的《王者荣耀》（事实），是这款游戏特别有趣，还是你想放松一下（探寻需求）？

DeepSeek 改造后的语言既客观地指出了孩子的行为，又表达了对孩子的关心，更容易让孩子敞开心扉与家长交流。

第二步：制定"双赢契约"。

例如，你输入：孩子熬夜玩手机，我担心孩子的学习成绩会下降，请设计一个双赢的改善方案。

DeepSeek 可能给出的方案如下。

- **双方约定：** 从周日到下一周的周四这段时间，孩子需在 23 点前上交手机，周五和周六可适当延长至 24 点。这样的时间设定既保证了孩子在工作日有充足的休息时间，又在周末给予孩子一定的娱乐时间。

- **设立奖励机制：** 如果孩子连续两周都能遵守约定，你就可以在周末给孩子增加一个小时的娱乐时间，或者让孩子兑换零食礼包。这种奖励机制有助于激励孩子自觉遵守规则，拥有自律意识。

- **设立例外条款：** 在考试前一周，你要让孩子自觉启动"自律模式"。在这段特殊时期，孩子需要将更多精力放到学习上，你可以与孩子提前约定好，让孩子明白在不同时期需要合理调整自己的行为。

第三步：让 DeepSeek 成为家长与孩子之间的 "传声筒"。

有时候，家长和孩子直接沟通可能导致沟通结果不尽如人意，这个时候，DeepSeek 可以充当一个客观的 "传声筒"。我举一个例子，具体如下。

- 让孩子对 DeepSeek 说出 "爸妈哪里最烦人"，通过这种间接的方式，孩子能够更自由地表达内心的真实想法，而不用担心引起家长的怒火。
- DeepSeek 会生成一份详细的报告，例如，"孩子吐槽的前三名：总拿我和别人比，进我房间不敲门，答应我的事经常反悔"。这份报告直观地呈现了孩子内心对家长的哪些行为感到不满，帮助家长清晰地了解自己在管教孩子方面存在的问题。
- 家长可以向 DeepSeek 询问 "如何解决这些问题"，获取 DeepSeek 的具体建议。借助 DeepSeek 的帮助，家长能够有针对性地改进自己的行为，促进亲子关系的良性发展。

运用 DeepSeek 化解亲子冲突的具体步骤

第一步：破解"家长式语言"。

第二步：制定"双赢契约"。

第三步：让 DeepSeek 成为家长与孩子之间的"传声筒"。

化解职场冲突

适用场景：被同事抢功、领导 PUA、团队排挤等。

职场中，大家为了团队目标共同努力，属于同一战队的战友。但是，偶尔也有不和谐的情况。有的同事抢功时抄送众人的邮件，宛如一支射出的暗箭，让人猝不及防；有的领导打着"为你好"旗号的 PUA 话术，在不知不觉间侵蚀你的自信；而团队的排挤更是将你孤立在工位这片"孤岛"上，让你备感压抑。

面对这些冲突，强硬对抗往往并非良策，你需要一些四两拨千斤的破局智慧。DeepSeek 将助力你化解职场冲突，在职场中游刃有余。

运用 DeepSeek 化解职场冲突的具体步骤如下。

第一步：快速隔离情绪，冷静应对突发状况。

例如，你输入：被同事当众甩锅，我现在又气又慌，求急救话术。

DeepSeek 给出的话术示例如下。

"对于这个部分，我需要再确认一下细节（不直接表明态度），稍后会通过邮件同步给大家（以此争取时间来整理相关证据）。"这样的回应既能让你避免陷入无谓的争执，又能让你为后续妥善处理问题赢得宝贵的时间。

第二步：深度剖析利益关系，洞察背后的真实意图。

例如，你输入：分析领导批评我的真实意图。

DeepSeek 给出的分析示例如下。

- **表层动机分析：**结果导向型批评，如项目延期、数据差错等；过程监控型批评，如工作方法不合理等。
- **深层意图推测：**从组织生态视角、个人发展维度和关系管理层面推测领导意图。

第三步：精心规划，构建长期良好的职场关系。

如果你希望提升自己在职场中的人缘，营造良好的职场氛围，就可以向 DeepSeek 求助。例如，你输入：请设计一个职场好感度提升计划。

DeepSeek 给出的计划示例如下。

运用 DeepSeek 化解职场冲突的具体步骤

第一步：快速隔离情绪，冷静应对突发状况。

第二步：深度剖析利益关系，洞察背后的真实意图。

第三步：精心规划，构建长期良好的职场关系。

- **每周**：挑选一位同事，真诚地夸奖其具体贡献，例如，"你昨天的 PPT 结构超级清晰"这种有针对性的夸奖不仅能让同事感到被认可，还能增进你和同事之间的感情。

- **每月**：为团队提供一次"小福利"，可以是分享有价值的行业报告，也可以是分享一些零食。通过这些小小的举动，你可以提升自己在团队中的亲和力。

- **每季度**：主动询问领导"我需要重点改进哪些方面"。这一行为既展现了你积极的工作态度，又能让领导感受到你对其意见的重视，有助于加深领导对你的良好印象。

三、运用 DeepSeek 提升自我价值感

低自我价值感宛如一位严苛的批评家，始终盘踞在一些人的内心深处。当个人成就如星光般闪现，它便将原有的荣耀与自豪悄然抹去；当外界的赞美如温暖阳光般倾洒而下，它又会迅速启动"虚伪"的翻译器，把真诚的认可扭曲为别有用心的奉承。

实际上，这种自我贬低并非与生俱来的性格烙印，而是经年累月的认知惯性——就像长期含胸行走的人，早已忘记挺直脊背的舒展感。

DeepSeek 可以通过认知重塑与行为激活，帮助人们重新构建健康、积极的自我价值体系。它引导人们跳出自我否定的条件反射陷阱，将"我果然不行"这种充满消极色彩的自我判断巧妙转化为"我正陷入自我怀疑的情绪"这种客观、冷静的自我觉察。

重塑认知：破除"我果然很失败"的魔咒

什么是认知扭曲？我举个例子，如果你总是觉得"同事都讨厌我"，那么你的大脑很可能将某些失败的对话过度放大了，误把部分失败当作全部事实。

在这种情况下，DeepSeek 会陪伴你一同回溯过往经历，帮你洞察思维陷阱，助你打破认知扭曲。

DeepSeek 能够将"我果然很失败"的负面审判，转变为"感到失败只是当下的一种想法"的客观认知，把"所有人都讨厌我"的负面认知，拆解成一个又一个能够加以验证的具体问题。

运用 DeepSeek 重塑认知的具体步骤如下。

第一步：精准捕捉"负面想法"。

例如，你可以输入：当_____（具体事件）发生时，我的脑海中自动浮现出_____（如我果然很失败／没人会喜欢我）的想法，同时身体出现了_____（如胸口闷痛／手指发冷）的反应。

DeepSeek 的分析过程如下。

- **剖析语义**：精准提取诸如"果然""永远"这类带有绝对化倾向的词汇。
- **梳理事件**：明确事件，如汇报过程中被领导打断。
- **呈现自动思维**：揭示脑海中的自动思维，如"我的方案毫无价值"。
- **认知扭曲的识别**：识别认知扭曲的类型，如"过度概括"（将一次打断等同于全盘否定）。
- **认知扭曲的判定**：准确判定认知扭曲的类型，如上述的"过度概括"即把单次事件过度泛化为整体情况。

- **深度追问细节**：紧紧锚定现实中的证据，如询问"领导打断你之前是否有点头认可的举动？你的方案中是否存在可量化的数据支撑"等。

- **引导认知重构**：将"负面想法"与"客观事实"同时呈现，引导用户进行认知重构。例如，DeepSeek 将"我果然很失败"与"方案被否定在工作中是极为常见的情况，而你具备进一步优化方案的能力"同时呈现出来。

下面我举一个例子。

销售员小 D 输入：客户挂断电话时，我立刻产生"我根本不适合干这行"的想法，同时手心冒汗。

DeepSeek 的分析示例如下。

- **认知扭曲的判定**：判定小 D 为"非黑即白思维"（将客户挂断电话这个行为直接等同于客户对其工作能力的全盘否定）。

- **深度追问细节**：客户挂断电话前，是否表达出对方案感兴趣的意思？此前你有过哪些成功的销售案例？

- **引导认知重构**：你用单次失败否定整个职业生涯，却忽略了你此前已经完成了多次有效的沟通这一事实。

第二步：广泛收集证据，有力挑战负面想法。

当你深陷负面想法时，实际上是在无意识间开启了一场片面的自我指控。要想有效突破这种困境，关键在于站在不同的角度进行思维训练：**首先要充分给予控方举证的机会，然后，作为辩方有条不紊地展开系统化的自我辩护。**

当你站在"原告席"时，要像侦探一样细致入微，把模糊的恐惧转化为具体的证据链条；而当你站在"被告席"进行反击时，就要把身份切换为律师，开启交叉质询。

这套思维训练的核心在于平衡同理心与批判性：**先以自我接纳的心态，承认负面想象存在的合理性，再用严密的逻辑去检验其在现实中的根基。**

DeepSeek 生成的证据表示例如表 4-3 所示。

表 4-3　DeepSeek 生成的证据表示例

指控（自动化思维）	控方证据	辩方证据
演讲时声音发抖，我把演讲搞砸了	有三次卡顿	观众最终给我打了 8.2 分
朋友没有叫我去聚餐，我被孤立了	当天微信群无消息	上周生病时，朋友上门给我送药

DeepSeek 的分析过程如下。

- **原告席建设**：收集"控方证据"，这一步相当于将内心"法庭"中"负面想法"所对应的"控方证据"具象化。具体示例如下。

　负面想法：演讲时声音发抖，我把演讲彻底搞砸了。

　控方的证据清单如下。

　✓ 开场时，翻页笔失灵 10 秒。

　✓ 我在演讲中出现 3 次超过 5 秒的卡顿。

　✓ 后排有人低头玩手机。

　✓ 我演讲结束时没有收到掌声。

　✓ 我去年在类似的场合确实出现过忘词的情况。

- **被告席反击**：组织"辩方证据"，通过结构化提问，挖掘那些被忽视的积极证据，这一步就像律师在法庭上进行的交叉质询。例如，针对上文演讲的例子，DeepSeek 可能提出以下问题。

✓ **具体化**：发抖的实际程度如何？

你的可能答案：实际上我只是手指微微颤抖，这并不影响我使用翻页笔。

✓ **后果评估**：最坏的结果是什么？它发生的概率有多大？

你的可能答案：最坏的结果可能是被扣 5% 的分数，其实我最终也拿到了 8.2 分。

✓ **对照验证**：观众的真实反馈是怎样的？

你的可能答案：会后，有 3 个人主动向我请教问题。

✓ **应对资源**：之前遇到类似情况时，你是如何处理的？

你的可能答案：去年忘词时，我通过幽默的方式化解了，这反而赢得了观众的好评。

第三步：根据 DeepSeek 的分析结果，让其设计后续的"行为实验"。

运用 DeepSeek 重塑认知的具体步骤

第一步：精准捕捉"负面想法"。

第二步：广泛收集证据，有力挑战负面想法。

第三步：根据 DeepSeek 的分析结果，让其设计后续的"行为实验"。

具体示例如下。

- **初级实验**：今天对着镜子说出"我挺棒的"，同时面带微笑。
- **中级实验**：在会议中主动举手发言 1 次，不必在乎发言时间的长短。
- **高级实验**：主动争取一个自己渴望参与的项目，并坚定地说"我相信我能做好"。

克服拖延：从"Deadline 战士"到"时间领主"

适用场景：面对任务时，总将其拖到最后一刻才着手处理；一刷手机便停不下来，难以控制自己等。

拖延宛如一个狡黠且擅长窃取时间的小偷。当你打开电脑，本打算撰写报告时，手指却不受控制地点开了社交软件；明明在周一就已收到任务，你却非要拖到截止日期的前一晚，才化身"拼命三郎"，与时间展开一场惊心动魄的赛跑。

这些似曾相识的场景背后隐藏着大脑面对压力时

的逃避机制。当你对任务所带来的不确定性心怀恐惧时，便会用"再刷五分钟手机"这样的借口来麻痹自己。但是，你的焦虑感会在拖延的过程中愈演愈烈。而 DeepSeek 能够助力你实现一次又一次微小却坚定的"现在就开始"。

运用 DeepSeek 克服拖延的具体步骤如下。

第一步：开启立即行动。

例如，你可以输入：我要写报告但一直拖延，给我一个立即行动的方案。

DeepSeek 的回答示例如下。

以下是为你量身定制的"立即行动方案"。

- **有仪式感地开启行动**
  - ✓ 即刻将手机调至飞行模式，从物理层面隔绝干扰。
  - ✓ 设置 25 分钟的倒计时，让时间压力得以视觉化呈现。

- **打破僵局，写下脑海中浮现的关于任务的任意三句话**

✓ 这份报告需要涵盖_____。

✓ 我最希望传达的关键要点是_____。

✓ 这份报告可能会用到的数据 / 案例有_____。

- **清晰罗列拖延将引发的后果**

  ✓ 今晚必定要熬夜到_____点。

  ✓ 对_____项目的进度造成影响。

  ✓ 错失_____奖励 / 机会。

- **迅速激发身体动能，立即行动起来**

  ✓ 喝半杯冷水，以此激活大脑。

  ✓ 进行 10 秒的高抬腿运动，提升体内肾上腺素水平。

  ✓ 对着镜子大声说："3、2、1，现在行动！"

第二步：破解"完美主义陷阱"。

例如，你输入：因为我总想一次性做到最好，所以不敢轻易开始，怎么办？

- **DeepSeek 给出的回复示例：**有时候，拖延并非源于懒惰，而是大脑对"过度追求完美程序"的一种"死机"式抗议。请牢记：完成远比完美重要！你可以先拿出一份 60 分的初稿，后续再将其逐步优化至 80 分，这比一味空想要完成一份 100 分的初稿却毫无产出要好得多。

第三步：设计"游戏化任务"。

例如，你输入：我想把本周的工作转化为闯关游戏，请给我一份设计方案。

DeepSeek 给出的方案示例如下。

- **主线任务：**完成年终总结（完成后经验值 +100）。
- **支线任务：**整理 10 份资料（完成后经验值 +20，并有概率获得"素材宝箱"）；向领导汇报 1 次（完成后可解锁"勇气徽章"）。
- **终极挑战：**周五下班前提交最终稿件（获胜奖励为周末可以好好休息和放松）。

精准决策：从"选择恐惧"到"精准拍板"

适用场景：纠结是否应该辞职、对比工作机会、思考是否应该分手等。

站在人生抉择的十字路口，很多人往往会无所适从。

运用 DeepSeek 克服拖延的具体步骤

第一步：开启立即行动。

第二步：破解"完美主义陷阱"。

第三步：设计"游戏化任务"。

一封辞职信在草稿箱里静静躺了三个月，你始终不敢点击发送；面对两个工作机会，你反复对比各项细节，却依旧难以做出决定；你在对话框里编辑想分手的文字时，反复修改，内心充满挣扎。

这些纠结不仅源于选项本身的好坏难辨，还源于你内心深处对"一旦选错，便会失去一切"的深深恐惧。你既害怕未知领域的挑战，又担心如果固守当下，可能会错失其他机会。

DeepSeek 可以借助系统且科学的引导方式，帮你直面内心最真切的声音。

运用 DeepSeek 精准决策的具体步骤如下。

第一步：利弊可视化。
例如，你输入：用表格的形式分析留在现公司和跳槽去新公司的利弊。

DeepSeek 生成的决策矩阵示例如表 4-4 所示。

表 4-4 DeepSeek 生成的决策矩阵示例

维度	现公司	新公司
薪资	薪资稳定但涨幅小	薪资提升 30%，不过绩效压力较大
成长性	成长瓶颈较为明显	成长空间较大，但也伴随着风险
工作氛围	同事关系融洽，但领导作风专制	团队成员年轻有活力，但加班严重

第二步：对相关要素进行排序。

例如，明确职业价值观的优先级顺序对做出合适的职业选择至关重要。在纠结是否应该离职时，你可以向 DeepSeek 寻求帮助：帮我发掘内心排名前三的职业价值观。**DeepSeek 将通过一系列精心设计的引导测试，深入挖掘你的核心职业价值观，具体示例如下。**

- **进行提问**：例如，提出"如果你面前有两份工作，一份工作薪资丰厚但工作内容单调乏味，另一份工作薪资较低但极具意义，你会如何选择"这类直击灵魂的问题，引导你思考内心的倾向。

- **获得结果**：例如，得出"成长空间 > 薪资 > 工作氛围"的结果。这个结果能让你清晰地认识到自己在职业发展中比较看重的要素，避免你在决策时因外界干扰而偏离内心的真正需求。

第三步：制定最小成本试错方案。

如果你有大胆的职业转变想法，如打算辞职投身自由职业，却对可能面临的失败心怀恐惧，不妨向 DeepSeek 求助：我想辞职做自由职业，但害怕失败，求风险评估。**DeepSeek 会根据专业的风险评估模型，专门为你制定最小成本试错方案，具体示例如下。**

- **副业起步**：建议你前期每周将 10 个小时的业余时间投入与自由职业相关的业务中，以此初步测试市场的需求。你可以在不放弃现有稳定工作的前提下，小成本地探索新的职业方向。
- **阶段性评估**：设定 3 个月为一个评估周期，着重关注两个关键指标。一是自由职业的收入是否达到现在收入的 30%，这反映了业务的盈利能力；二是客户复购率，该指标体现了服务或产品的市场认可度与竞争力。你可以通过分析这两个指标来判断与自由职业相关的业务的发展态势是否良好。

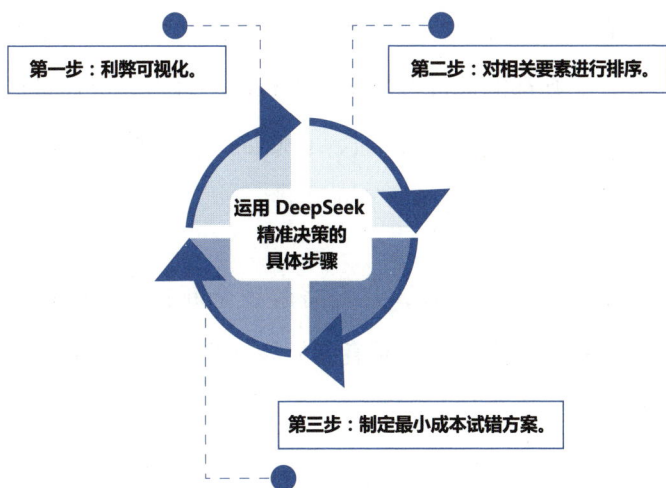

- **后路规划**：为应对可能出现的失败情况，DeepSeek 还会提供后路规划。例如，DeepSeek 可以根据你在探索自由职业的过程中新增的技能（如自媒体运营技能），为你规划好重返职场的路径，以最大限度降低你的试错成本。

诸如情绪管理、关系修复、自我成长等看似复杂的议题，实则都能被拆解成切实可行的小练习。当你将这些难题交付给 DeepSeek 时，它便如一位经验丰富的向导，带你穿过层层迷雾，向前迈进。

在识人与识己篇，我们将解锁全新技能——借助 DeepSeek 识别那些悄然消耗我们能量的"有毒人格"，深入探索人际关系中的陷阱。

运用 DeepSeek
重建关系能量场

🎯 **目标：从依恋风格到人格解码，终结消耗型关系的隐形伤害。**

我们为何总是深陷于互相伤害的关系泥沼中？答案或许藏在两个关键的心理学概念里：**依恋风格与人格**。

依恋风格形成于一个人的童年早期，它在很大程度上决定了我们构建亲密关系的方式。安全型依恋者能够巧妙地平衡自身的独立需求和对他人的依赖。焦虑型依恋者往往会过度索求他人的关注，时刻担忧关系的不稳定性。回避型依恋者习惯以疏离的姿态保护自己，习惯在亲密关系中与他人保持一定的距离。

人格是相对稳定的思维模式与行为倾向。例如，偏执型人格者总是渴望战胜对方；自恋型人格者时刻渴望成为众人瞩目的焦点；讨好型人格者总是优先压抑自己的需求，一味地迎合他人。

这些隐匿于内心深处的"心灵代码"常常使关系陷入消耗性的恶性循环。例如，焦虑型依恋者与回避型依恋者相遇后，极易形成"我追你逃"的情感死结，双方在关系中不断拉扯，疲惫不堪；自恋型人格者与讨好型人格者结合后，极有可能将关系演变成情感绑架，让双方都深受其害。更为危险的是，许多人在不知不觉间会重复吸引那些伤害过自己的同类型的人。这并非命运的捉弄，而是那些未被识别的心理模式在为人们筛选和匹配结交的对象。

DeepSeek 将语言、行为分析和心理学模型结合起来，帮助人们识别出关系中双方的依恋风格倾向与人格倾向，然后在不同依恋风格和人格的基础上，为关系中的双方提供"对话翻译"：把"你根本不在乎我"翻译为"我需要确认我们的连接"，把"别烦我"翻译为"此刻的亲密让我感到恐慌"。

当内心的创伤清晰浮现时，关系的重建便不再只是两个人进行盲目的拉扯。DeepSeek 能促使人们在理解自我和他人的基础上改善和重建关系。

一、运用 DeepSeek 识别依恋风格

凌晨 3 点，设计师小林第 11 次删除了对话框里的长文。男友的那句"你太黏人了，我需要空间"如同一根尖锐的刺，直直地扎进她的心里，她想知道为什么，又不想显得卑微，所以在"追问真相"和"假装洒脱"之间反复挣扎。

她把和男友的聊天记录整理成文件，并上传至 DeepSeek。仅仅 20 秒后，屏幕上便亮起一行字：你可能陷入了"追问—失望"的循环中，这是焦虑型依恋的警报信号。

DeepSeek 依托于依恋理论，能够为人们提供初步识别依恋风格的参考依据。

在亲密关系中，人们的行为模式各不相同。面对分离时，有人会陷入极度焦虑的情绪中，有人能坦然处之；

处理冲突时，有人会据理力争，有人会选择沉默和冷战。

当你想要借助 DeepSeek 识别自己的依恋风格时，只需向它描述你在亲密关系中的具体行为。无论是"伴侣出差期间，我因缺乏安全感而频繁查岗"，还是"每次争吵过后，我总是习惯性地冷战，拒绝交流"，DeepSeek 都会对其进行深入分析，挖掘这些行为背后隐藏的情感需求，帮助你判断自己的依恋风格倾向，助力你深入洞察自己在亲密关系中的心理状态。

初步探索依恋风格

第一步：向 DeepSeek 提问。

你可以打开 DeepSeek，在输入框中输入类似"请帮我识别我和伴侣的依恋风格"这样的问题，以此开启关于依恋风格的探索之旅。

第二步：DeepSeek 进行理论科普。

DeepSeek 会迅速给出依恋理论的相关科普内容，示例如下。

- **不同依恋风格的核心特点**：DeepSeek 会详细阐释

安全型依恋、焦虑型依恋、回避型依恋等的核心特征。例如，安全型依恋者在人际关系中表现出自信、状态稳定的特点，能自如地与他人建立关系；焦虑型依恋者常常过度担忧被抛弃，对亲密关系有着强烈的渴望；回避型依恋者倾向于和对方保持一定的距离，对亲密接触感到不适。

- **不同依恋风格的典型表现**：DeepSeek 会进一步说明不同依恋风格者在不同场景中的典型表现。例如，在冲突处理场景中，安全型依恋者往往能够理性沟通，寻求解决方案；焦虑型依恋者可能会情绪激动，反应过度；回避型依恋者可能会逃避冲突，拒绝交流。

第三步：获取 DeepSeek 提供的测量表。

DeepSeek 会提供一份经过简化的依恋风格测量表，该测量表大约包含 15～20 道题目。

题目示例：当伴侣表示需要空间时，你通常有什么感受?

- 安心给予对方空间。

- 感到焦虑但不说。
- 立即疏远对方。

第四步：查看 DeepSeek 的分析结果。

DeepSeek 会生成有关依恋风格的分析报告，示例如下。

- **指出依恋风格倾向**：报告会明确指出你的依恋风格倾向。例如，你有 70% 安全型依恋的特征和 30% 焦虑型依恋的特征。
- **标注典型的行为表现**：报告会标注出与你的依恋风格倾向相对应的典型行为表现，帮助你理解自己在亲密关系中的行为模式及背后的原因。例如，这可能意味着你在和对方建立信任后，状态较为稳定，但在遇到不确定的情况时也会表现出担忧。

第五步：DeepSeek 进行关系解读。

DeepSeek 还能根据你提供的关系场景描述，深入分析你和伴侣之间可能的互动模式，并提供实用的沟通策略，示例如下。

- **分析可能的互动模式**：假设你提到"对方常常突然冷淡"，DeepSeek 会分析回避型依恋的伴侣在某些场景下可能出现的行为及心理状态。例如，回避型依恋的伴侣可能因自身对亲密的回避倾向，在面对某些压力或自身情绪波动时，常常突然表现出冷淡。

- **提供实用的沟通策略**：针对上述分析结果，DeepSeek 会给出沟通策略。例如，你可以尝试**"明确表达需求 + 给予适度空间"**的方式来改善双方的沟通，促进亲密关系的良性发展。

处理不同依恋组合中的问题

当你测出你和伴侣的依恋风格倾向后，DeepSeek 还可以根据你们的组合类型和当下的具体关系状态，为你们提供针对性的支持。

第一，深度解析关系动态。
DeepSeek 将从多个维度对你们的关系进行深度解析，并提供以下关键内容。

- **潜在矛盾点预判**：深入分析双方的依恋风格碰撞时可能产生的"潜在矛盾点"。例如，焦虑型依恋者对亲密接触和时刻陪伴的强烈渴望与回避型依恋者对个人空间和独立的迫切需求必然会引发双方的矛盾。

- **冲突场景的心理学解读**：对典型的冲突场景进行专业的心理学解读。以"追逃模式"为例，DeepSeek 会详细阐释其触发机制。例如，在亲密关系中，如果一方不断追求亲近和沟通（追），另一方总是逃避互动和交流（逃），双方往往会陷入"你追我逃"的恶性循环。

- **依恋风格的具体影响**：剖析双方的依恋风格如何影响沟通方式、信任建立及情感表达。

第二，定制专属的关系修复方案。

DeepSeek 会根据你们的依恋组合，精心定制个性化的关系修复方案，可能的设计思路如下。

- **焦虑型 × 回避型**：为打破"你追我逃"的恶性循环，设计"安全撤退信号"与"情绪缓冲带"。"安全撤退信号"帮助回避型依恋者在感到压力时能以一种对方可接受的方式来表达自己需要空间的需求;"情绪缓冲带"则给予焦虑型依恋者调节自身焦虑情绪的方法。

- **安全型 × 不安全型**:充分激活安全型依恋者的"稳定锚"作用,为不安全型依恋者提供一系列修复关系的具体话术。安全型依恋者积极、稳定的沟通方式可以逐步影响和改善不安全型依恋者在关系中的行为模式和心态。

- **恐惧型回避 × 疏离型回避**:制定不同的"微小信任实验",帮助双方在小心翼翼推进关系的过程中,巧妙规避可能引发过度刺激的雷区。

第三,开展针对性场景训练。

DeepSeek 可以针对高频冲突场景,设计"模拟对话训练",示例如下。

- **当回避型依恋者"情感掉线"时**:焦虑型依恋者可使用"非压迫式联结话术"。例如:"我需要暂停 20 分钟来整理一下思绪,之后我们可以继续聊吗?"这种表达方式既尊重了回避型依恋者对空间的需求，又为后续的沟通留下了温和的铺垫。

- 当焦虑型依恋者**"被抛弃的恐惧"被触发时**：回避型依恋者可启动"有限承诺回应"。例如："我现在有点累，但明天吃早餐时我们可以好好谈谈这个问题。"这种回应方式给予焦虑型依恋者一定的情感承诺，同时又给自己留出了适当的缓冲时间。

第四，升级依恋风格。

DeepSeek 还能提供渐进式的训练方法，帮助双方逐步升级依恋风格，可能的训练思路如下。

- **第一周　觉察期**：提供"整合情绪日记模板"，帮助你记录每天的情绪起伏变化，并通过每天录制 10 分钟的"自我安抚音频"，让你学会在情绪波动时进行自我调节，增强情绪稳定性。
- **第二周　重塑期**：给出"需求表达脚本"，指导你如何准确、恰当地向伴侣表达自己的情感需求；同时提供发生冲突后的"修复话术清单"，帮助你们用更有效的方式进行沟通和修复关系。

- **第三周　整合期：**双方共同完成"安全感地图"的绘制，在这个过程中，你们可以深入了解彼此的需求点。

二、运用 DeepSeek 识别消耗型人格

凌晨 2 点，28 岁的市场经理王蜜第 7 次删除对话框里的质问："为什么我总在道歉？"她的男友曾经说过："你太敏感了，真没意思。"这句话像一根倒刺，扎在她喉咙里三年，她咽不下去，也吐不出来。

她向 DeepSeek 输入了这段令她痛苦不堪的对话。仅仅 19 秒后，屏幕上赫然亮起一行字：你正在以过度反省"喂养"对方的"情感懒惰"，你不是敏感，而是察觉到情感系统发出的警报了。

心理学中有一个令人心碎的数据：80% 的长期抑郁的患者身边至少存在一段持续 5 年以上的消耗型关系。这些关系像慢慢渗水的墙，起初只是长霉斑，最后会慢慢倒塌。

什么是"消耗型人格"?"消耗型人格"并非心理学术语,而是对某些具有破坏性行为模式的人格的通俗描述。很多"有毒"的关系中都隐匿着人格存在缺陷的个体。这些"有毒"的关系如同慢性毒药,悄无声息却又持续不断地侵蚀着人们的自我认知与精神世界。

四大消耗型人格的特点如下。

- **自恋型人格**:过度以自我为中心,缺乏共情能力,常通过贬低他人来维持自身的优越感。
- **反社会型人格**:无视社会规则,缺乏道德感,可能通过操控或伤害他人来达到目的。
- **边缘型人格**:情绪极度不稳定,容易有极端行为(如自伤或威胁自杀)。
- **偏执型人格**:过度猜疑,常将他人的行为解读为敌意或背叛。

DeepSeek 识别四大消耗型人格的示例

自恋型人格——优雅的"情感吸血鬼"

- **高频词筛查**:你可以着重留意对话中的高频词汇,

如**"我""我的""最"**这类词汇是否频繁出现。例如，"我的方案是全场最佳"往往是自恋型人格者以自我为中心的外显表达。

- **行为模式识别**：自恋型人格者在关系初期会**营造出极度热情的假象**；而到了关系后期，他们会突然转变态度，变得冷漠无情，甚至对他人进行打压，通过这种反差行为来满足自身对优越感的需求。

反社会型人格——披着羊皮的"控制狂"

- **语言漏洞筛查**：如果一个人总是**承诺宏大的事情**，如"跟我投资稳赚一百万元"，但又**无法描述具体的细节**，那么这极有可能是反社会型人格者为达到自身目的而抛出的诱饵。他们善于用这种方式迷惑他人，以便实施后续的控制行为。

- **异常行为识别**：如果一个人出现**虐待动物**等残忍行为，或者在人际交往中明显**缺乏共情能力**，对他人的痛苦无动于衷，那么他很可能具有反社会型人格倾向。

边缘型人格——易燃易爆的"情感炸弹"

- **情绪波动筛查**：如果聊天记录中充斥着**大量感叹号**，并且频繁出现**"永远恨你！"**等极端表述，那么这可能是边缘型人格者情绪极不稳定的直观体现，他们的情绪常常在短时间内出现剧烈起伏。

- **自伤倾向判断**：一旦你在交流中捕捉到"自杀"或"自残"等关键词，要提高警惕。边缘型人格者常因内心的痛苦与混乱而产生伤害自己的念头并将其用言语表达出来。

偏执型人格——永远在"找敌人"的侦探

- **质问句式识别**：偏执型人格者常常会抛出诸如**"你是不是在骗我""你和他有什么关系"**这类充满质疑与猜忌的问题。

- **代表行为识别**：在行为表现方面，**频繁检查他人手机**是偏执型人格者的典型行为之一。同时，**他们也会过度解读社交动态**，无端地猜测动态发布者的意图及这条动态信息是否与自己有关，进而陷入自我构建的怀疑旋涡中无法自拔。

初期：识别消耗型人格

当关系中出现频繁贬低的话语（如"你连这点事都做不好""当初我怎么会看上你"）时，很多人往往陷入自证的陷阱：我是这样吗？我不是这样！这种自证有时是内心戏，有时是真实发生过的。在反复自证未果后，很多人可能会陷入自我怀疑。

DeepSeek 的介入为人们提供了全新的视角，它能让你明白，那些伤人的话语只是对方内心恐慌的投射。

运用 DeepSeek 识别消耗型人格的步骤如下。

步骤一：输入"有毒"语言，让 DeepSeek 进行判断。

○ **高频否定词**：生活中，你可能会听到类似"你想多了""别小题大做"这类话语。当对方频繁使用这类否定话语时，从表面上看，他是在轻描淡写地否定你的感受或想法，实则可能是在打压你表达自我的积极性。如果长期处于这样的语言环境下，你就会对自己的感知产生怀疑，逐渐失去自信。

- ○ **责任转移句式**：像"要不是你……我也不会……"这种责任转移句式也极为典型。例如，"要不是你非要选这家餐厅，我也不会等这么久还吃不上饭。"说话者将责任一股脑地推到你身上，并不考虑可能存在的其他客观原因。这类句式的频繁出现会使你无端背负过多的责任，在关系中逐渐变得小心翼翼，甚至产生过度的自责心理。

- ○ **情感勒索标记**："如果你爱我，就应该……"便是常见的情感勒索标记。例如，"如果你爱我，就应该把工资都交给我管。"对方试图通过情感绑架的方式迫使你按照他的意愿行事。一旦你不满足其要求，便会被贴上"不爱"的标签，这会让你为了维护关系而不断妥协。

步骤二：输入自己的身体反应，让 DeepSeek 进行分析。

例如，你发现自己每次与闺密见面后，都会头痛欲裂。这种身体上的强烈不适很可能是潜意识在向你传达

运用DeepSeek 识别消耗型人格的步骤

步骤一：输入"有毒"语言，让DeepSeek 进行判断。

步骤二：输入自己的身体反应，让DeepSeek进行分析。

"这段关系存在问题"的信号。

当你把"每次见完闺密就头痛欲裂"这样的身体反应对 DeepSeek 输入后，它凭借专业的数据分析能力，可能得出"这段关系存在严重的能量榨取倾向"的分析结果。

一旦 DeepSeek 成功为你识别出消耗型人格，你就可以借助它获取初步的应对方法，具体示例如下。

- **当对方贬低你时，尝试回应："我理解你有不同的意见，但这样的表达让我感到不舒服。"**这种回应既没有选择激烈的对抗，又清晰地向对方传达了你的感受，让对方意识到其行为给你带来的负面影响。
- **记录对方的贬低性语言，发现贬低行为的规律。**通过持续记录，你可以明确对方的问题所在。

中期：脱敏消耗型人格

识别出消耗型人格后，接下来你要对消耗型人格进行脱敏。DeepSeek 会通过分析，将你内心的想法由"他否定我"转变为"他在恐惧什么"，并借助行为实验，把对抗转化为一面能映照出对方恐惧的镜子。

如果有一天，你能够从容回应曾经的贬低，这就是关系变好的信号。

如何借助 DeepSeek 对消耗型人格进行脱敏呢？

第一步：打开对话框，输入贬低性话语。

首先，你需要打开 DeepSeek，逐字逐句输入那些伤人的贬低性话语，示例如下。

- **"你连这点小事都做不好。"**这种话语直接否定了你的办事能力，打击了你的自信心。
- **"当初我真不该选你。"**这种话语从情感选择层面对你进行贬低，让你对自身价值产生怀疑。
- **"没人能忍受你的脾气。"**这种话语针对你的性格特点进行贬低，可能使你陷入自我否定的深渊。

第二步：让 DeepSeek 分析贬低根源。

DeepSeek 会仔细识别对方的贬低行为究竟是不是源于其内心深处的不安全感。当一个人自身缺乏自信、对未来感到迷茫时，可能会通过贬低身边的人来获得一种虚假的优越感，以此掩盖内心的恐惧与不安。

第三步：让 DeepSeek 提供应对建议。

DeepSeek 会为你提供应对贬低的建议。例如，它可能会建议你尝试在对方贬低你时保持沉默。这种沉默并不是软弱的表现，而是一种以静制动的策略。通过观察对方在你保持沉默后的反应变化，你可以更深入地了解对方贬低行为背后的动机。

第四步：让 DeepSeek 给出回复话术。

DeepSeek 还会为你精心生成一个内容丰富的回复话术库，以应对各种复杂的交流场景，具体示例如下。

- 情绪缓冲类
  - "我会认真考虑你的观点，不过我可能需要一些时间进行消化。"此话术既表达了对对方观点的尊重，又为自己争取了思考的时间。
  - "我理解这是你的感受，不过我的理解角度可能不太一样。"此话术在承认对方感受的同时，巧妙地表明自己有不同的看法，为后续的理性沟

第一步：打开对话框，输入贬低性话语。

第二步：让DeepSeek分析贬低根源。

借助DeepSeek脱敏消耗型人格的步骤

第四步：让DeepSeek给出回复话术。

第三步：让DeepSeek提供应对建议。

通埋下伏笔。

- ○ **"或许我们可以先暂停这个话题，等情绪平复些再沟通。"** 当交流氛围趋于紧张时，此话术能够防止矛盾进一步激化。

- **话题转移类**

  - ○ **"关于这个问题，你更希望我具体改进哪个方面呢？"** 此话术将话题从单纯的贬低引向具体的改进方向，化消极指责为积极探讨。

  - ○ **"我们是否可以把关注点放到解决方案上？"** 此话术引导双方从互相指责转变为共同寻找解决问题的办法，推动关系朝着积极的方向发展。

  - ○ **"现在这个状态下，我们的沟通效率可能不高，要不我们先处理其他事情？"** 当沟通陷入僵局时，双方应该及时转移话题，避免在无意义的争论上浪费时间和精力。

- **自我肯定类**

  - ○ **"我理解你的看法，不过我对自己的付出是很清楚的。"** 此话术在尊重对方观点的同时，坚定地肯定自己的努力和付出。

  - ○ **"每个人的标准不同，我会参考你的意见，但也**

会坚持自己的节奏。"此话术表明自己会理性看待对方的意见，但不会盲目跟从。

○ **"我听到了你的评价，不过我认可自己在这件事上的努力。"** 此话术明确向对方传达自己对自身努力的认可，不被对方的贬低轻易左右。

- **柔性反问类**

○ **"你能具体说说哪里有问题吗？"** 此话术通过温和的反问，引导对方详细阐述其观点，有助于自己更深入地了解对方的想法，也为后续的沟通提供了更明确的方向。

○ **"你觉得我用什么方式来处理这件事更合适？"** 此话术展现出自己愿意改进的态度，同时也增强了对方的参与感。

○ **"你觉得最关键的问题是什么？"** 此话术促使对方思考问题的核心所在，避免双方陷入无端的指责和抱怨中。

- **界限设定类**

○ **"这样的沟通方式让我不太舒服，你可以换种表达方式吗？"** 此话术直接而委婉地向对方表明自己的感受，明确提出希望对方改变表达方式的需求，能够维护自己的心理边界。

○ **"我理解你的急切，但这样的语气会影响沟通效果。"** 此话术既表明你理解了对方的情绪，也指出其沟通语气的不当之处。

○ **"我们可能需要建立更有效的沟通规则。"** 此话术从更高层面提出建立新的沟通规则的建议，为未来的沟通奠定良好的基础。

此外，你还能通过 DeepSeek 获取更有针对性的定制话术，形式为：当对方说＿＿＿＿时，我可以回应＿＿＿＿。你只需要将对方的贬低性话语填入前一个横线处，DeepSeek 就能为你生成与之匹配的回应话术。

长期：重建自我认知

前两个小节的目标并非将你塑造成一个浑身带刺、时刻处于防卫状态的人，而是帮你温和地筑起智慧的防护屏障。在这一小节，你需要重建自我认知，设定清晰的个人边界。

例如，当对方再次在朋友面前调侃你的弱点时，你不再默默忍受，而是可以平静且坚定地说出："这样的玩笑让我感到不适，请停止。"

DeepSeek 能够根据你的具体情况，为你定制循序渐进的练习计划。随着练习的推进，在某一天，你会惊喜地发现，那个曾以为要靠对方认可才能存在的自我，已在清晰的边界与多元的支持中，长出了根系。

需要注意的是，重建自我认知是一个系统且深入的过程，你需要结合心理学知识，不断强化自我觉察能力，并持之以恒地付诸行动。

运用 DeepSeek 重建自我认知的步骤如下。

步骤一：了解当下的自己。

- **借助专业模型分析个人特质**：首先，让 DeepSeek 列举出常用的人格评估模型，如"大五人格模型"（从开放性、神经质、外向性、宜人性和尽责性这五个维度来剖析你的性格特质），以及 MBTI 理论（依据四个维度将人分为 16 种不同的性格类型）。
- **整理个人优缺点清单**：认真整理自己的优点和缺

点。在这个过程中，你可以巧妙借助 DeepSeek 的力量，向它提出以下类似问题。

○ "从性格维度来看，我特别守旧，我该如何突破这种状态呢？"通过这样的提问，你可以深入挖掘自己守旧性格背后的原因及可能的改变方向。

○ "我总是爱自我批评，这是不是某种心理问题？我要怎样进行调整呢？"你可以借此探寻自我批评的根源，并向 DeepSeek 寻求有效的解决办法。

步骤二：搭建心理学知识体系。

你可以要求 DeepSeek 为你整理心理学经典理论框架，示例如下。

• **埃里克森的社会心理发展八阶段理论：**该理论详细阐述了一个人从出生到死亡，在不同阶段所面临的心理危机及发展任务，帮助你理解人在不同人生阶段的心理变化规律。

• **认知三角模型：**此模型主要探讨认知、情绪和行为之间的关系，有助于你在面对各种情境时更好地理解自己的心理反应机制。

- **成长型思维的核心原则：**这些原则让你认识到能力可以通过不断学习获得发展，有助于你培养积极面对挑战的心态。

同时，为了让复杂的理论变得易于理解和应用，你可以随时要求 DeepSeek 举例说明，示例如下。

- "能不能用做菜来比喻认知三角模型呢？"
- "在职场中该如何运用成长型思维的核心原则？请举一个真实的案例。"

步骤三：定制专属练习。

基于你设定的目标，你可以要求 DeepSeek 为你定制专属练习，示例如下。

- **增强情绪稳定性：**如果你希望增强情绪稳定性，可要求 DeepSeek 为你设计**"情绪日志模板"**。通过记录情绪变化，你能够更好地觉察自己的情绪触发点，进而提升情绪管理能力。
- **改善社交模式：**如果你需要改善社交模式，可要求 DeepSeek 生成**"社交场景应对话术清单"**。注意，在提要求时，请务必说清楚自己所处的具体场景和现阶段的痛点，以便获得更具针对性的建议和方案。

步骤四：定期复盘成长。

你可以定期向 DeepSeek 提交自己的行为记录，并提出以下要求。

- **进行四象限总结**：让 DeepSeek 用"优势—短板—机会—雷区"的四象限总结法，全面总结你的行为表现。
- **挖掘思维陷阱**：让 DeepSeek 挖掘你"重复踩坑"的思维陷阱，以便你在后续行动中加以避免，并打破不良思维模式的束缚。
- **生成调整方案**：根据分析结果，让 DeepSeek 生成下一步的调整方案，为你的持续成长提供明确的方向和具体的指导。

步骤五：开启解开心结的对话。

当你察觉到自己内心存在矛盾心理时，可以向

运用DeepSeek 重建自我认知的步骤

步骤一：了解当下的自己。

步骤二：搭建心理学知识体系。

步骤三：定制专属练习。

步骤四：定期复盘成长。

步骤五：开启解开心结的对话。

DeepSeek 提问，示例如下。

- "为什么我认为必须完美才能被接纳？这个信念的证据是什么？"通过这样的提问，你可以深入挖掘内心深处不合理信念的根源，解开自己的心结。

三、DeepSeek 针对具体场景给出回复建议

你已经了解了四大消耗型人格的特点，也知晓了 DeepSeek 识别消耗型人格的逻辑。然而在现实生活中，当消耗型人格者说出令你感到不适的话语时，你往往不知道该如何回复。

下面列举了一些具体场景及 DeepSeek 给出的回复建议。

具体场景及回复建议

场景 1——当对方说："你太敏感了，我只是在开玩笑。"

- 回复："玩笑的意义在于让双方都感到愉悦，而不

是只让自己开心，让对方不舒服。"

- 接下来可以采取的行动：详细记录对方这类相似的语言，深入分析说话者背后的动机，以便更好地理解对方的行为模式。

场景2——当对方说："如果你爱我，就应该听我的。"

- 回复："真正的爱建立在相互尊重之上，而非控制与支配。"
- 接下来可以采取的行动：清晰设定自身边界，例如，明确告知对方"请不要以爱之名要求我妥协"，让对方清楚你的底线。

场景3——当对方说："你做出这点成就有什么好骄傲的？我当年可比你强多了。"

- 回复："成就无论大小，都理应得到尊重，你的比较让我感觉被贬低了。"
- 接下来可以采取的行动：减少向对方分享个人进步的次数，防止陷入不断向对方"证明自己"的陷阱。

场景 4——当对方说："别人都能忍受，怎么就你事多？"

- 回复："**每个人都有表达自身感受的权利，用他人的反应来否定我的需求是不公平的。**"

- 接下来可以采取的行动：运用"三明治沟通法"，即按照"肯定 + 问题 + 期待"的模式重申自己的诉求。例如，"我知道你很辛苦（肯定），但你的指责让我感到受伤（问题），希望我们能就事论事地讨论（期待）"。

场景 5——当对方当众说："我家这位就是笨手笨脚的。"

- 回复："**我不接受这种贬低式的玩笑，你向我道歉。**"同时，你要直视对方，等待其做出回应，展示出坚决的态度。

- 接下来可以采取的行动：事后找个合适的时机，严肃地向对方声明"如果再发生类似公开羞辱我的情况，我会立即离开现场"。

场景 6——当对方说："你连这个都做不好，还能干什么？"

- 回复："**你可以指出我存在的具体问题，但进行人身攻击只会让我停止与你沟通。**"
- 接下来可以采取的行动：面对贬低时立即离开现场，并告知对方"等你能心平气和地说话时，我们再继续交流"。

场景 7——当对方说："要不是为了你，我早就⋯⋯"

- 回复："**请不要将你的人生选择所产生的后果转嫁到我身上，每个人都应该为自己的决定负责。**"
- 接下来可以采取的行动：定期进行"责任归属练习"，用记录的方式，仔细梳理并区分哪些是对方原本就应承担的责任，进一步强化自我认知和责任意识。

生成"防 PUA 话术库"

当遭遇 PUA 式的言语攻击时，很多人往往会陷入不知所措的境地，不知道该如何回应。你可以向 DeepSeek 描述场景，如"被上司贬低能力"，它就能为你生成有效的反击模板。下面为你详细介绍不同场景下的反击模板。

职场贬低场景

上司在周会上说:"你连这种方案都做不好,当初是怎么通过面试的?"

错误回应:"我下次会花更多的时间进行修改。"

DeepSeek 反击模板:"我的工作成果是有数据支持的,如果您有具体的改进意见,我们可以详细讨论。"

DeepSeek 反击原理:事实锚定 + 责任转移。

情感操控场景

男朋友说:"你这么胖 / 丑,除了我,谁还会喜欢你?"

错误回应:"我会努力减肥 / 化妆的。"

DeepSeek 反击模板:"我的自我价值不需要他人的认证,如果你持续对我进行外貌攻击,我需要重新评估这段关系。"

DeepSeek 反击解析:价值声明 + 关系重启警告。

社交压迫场景

聚会时被他人嘲笑:"你穿成这样也敢来高级餐厅?"

错误回应:"我临时随便穿的。"

DeepSeek 反击模板:"我的着装符合餐厅的规定,倒是你，好像对他人的穿着特别关注？"

DeepSeek 反击解析：规则锚定 + 动机质疑。

学术霸凌场景

对方说："你连这个理论都不知道，难怪混不进核心圈。"

错误回应："我马上去查资料。"

DeepSeek 反击模板："大家的知识体系有差异是很正常的，如果你愿意分享具体的应用场景，我们可以展开专业讨论。"

DeepSeek 反击解析：去污名化 + 场景转换。

四、抵御消耗型人格者攻击的四个步骤

生活中，很多人可能会遭遇来自消耗型人格者的长期攻击。例如，听到"你这么胖，有人要就不错了"这样伤人的话语时，你常常感到窒息。在这种情况下，一味忍耐并非良策，你可以借助 DeepSeek 抵御消耗型人格者的攻击，具体有以下四个步骤。

第一步：记录自身感受。

在与具有消耗型人格特点的人互动后，你可以向 DeepSeek 输入对方的言论和自己的感受，示例如下。

- **对方的言论**：你这么胖，还有人要就不错了。
- **我的感受**：羞耻感 + 愤怒，胃部抽搐。
- **DeepSeek 可能的解析思路如下。**
  - ✓ **标签**：外貌羞辱、自我价值打压。
  - ✓ **推荐应对话术**：这是我的私事，讨论到此为止。

通过 DeepSeek 的解析，你能更清楚地认识到对方行为的本质，为后续有效应对奠定基础。

第二步：打破错误归因。

很多人习惯将他人的负面情绪归咎于自己，例如，对方发脾气是因为自己做得不够好。而 DeepSeek 能帮你打破错误归因，进行思维重构，回复示例如下。

- "对方的情绪属于对方的责任，你的价值不取决于他人的满意度。"
- "你有权拒绝不合理的要求。"

- "被激怒不等于你有错。"

你可以通过这种思维转变，打破错误归因，重建健康的自我认知。

第三步：逐步建立安全距离。

以逃离控制型朋友为例，DeepSeek 给出的具体操作示例如下。

- **第 1~2 周：**将通话时长从 2 小时缩短至 1.5 小时，可用"要开会"这类简洁的理由来替代详细的解释，避免陷入不必要的纠缠中。
- **第 3~4 周：**拒绝讨论让自己感到不适的话题，直接表明态度，"这个话题让我不舒服"。
- **第 5~6 周：**建立"情感缓冲带"，例如，选择用邮件沟通替代即时回复，给自己留出更多的思考空间和处理情绪的时间。

你需要逐步与消耗型人格者保持适当的距离，减少其对自己的负面影响。

第四步：多维度构建心理防护网。

DeepSeek 可以教你从多个维度构建心理防护网，减少消耗型人格者对你的伤害，具体示例如下。

- **专业支持：** 寻求真人咨询师的帮助，获取"创伤后关系重建指南"，借助专业知识和经验，疗愈内心创伤，重建健康的人际关系。

- **知识加持：** 通过阅读相关图书，如关于人际交往、心理健康等方面的图书，丰富自己的知识储备，提升自己应对复杂人际关系的能力。

- **物理隔离：** 与那些让自己产生痛苦的人保持物理距离，减少与对方的接触，避免自己持续受到伤害。

- **正向体验：** 积极加入健身社群、书友会等，每周保证至少一次的健康社交活动。在正向积极的社交环境中，你可以结识志同道合的朋友，获得正面的情感支持和积极的生活体验。

借助DeepSeek抵御消耗型人格者攻击的四个步骤

第一步：记录自身感受。

第二步：打破错误归因。

第三步：逐步建立安全距离。

第四步：多维度构建心理防护网。

五、案例：如何运用 DeepSeek 预防职场"煤气灯效应"

在职场中，"煤气灯效应"时有发生，这会给人们带来极大的精神压力。下面我通过一个具体的案例，为你展示如何借助 DeepSeek 巧妙地预防和应对职场"煤气灯效应"。

某天，同事一脸严肃地对你说："这个方案太差劲了，除了你，没人会犯这种低级错误。"听到这种话，你可能瞬间就陷入自我怀疑的旋涡，脑海中不自觉地浮现出"我果然能力不行……"这种自我否定的想法，而这恰恰可能是职场"煤气灯效应"的开端。

➲ 传统应对方式

- **找朋友倾诉：** 你可能会向朋友抱怨"他就是针对我"。这种方式虽然能在一定程度上让你宣泄情绪，但无法帮你真正解决问题。

- **上网搜索：** 当你上网搜索"如何反击职场 PUA"时，可能会看到一些"鸡汤文"，得到诸如"你要变得更强大"这样的宽泛建议。但是，这类建议缺乏实操性，无法帮你应对当下的困境。

➲ DeepSeek 式破局方式

面对同事的不当言论，你只需要将原句输入，**触发 DeepSeek 的"煤气灯效应检测模型"**。该模型能够精准识别对方语言中的陷阱，示例如下。

- **否定人格**：同事使用"低级错误"这样的表述，直接否定你的个人能力。
- **制造孤立**：同事使用"除了你"这样的表述，试图将你孤立起来，让你觉得自己是团队中的异类。
- **扭曲事实**：你的方案或许已经完成了 80%，但同事使用"太差劲了"这样的表述，刻意忽视已有的成果，对你的方案进行全盘否定。

在识别出陷阱后，DeepSeek 还能**生成反内耗话术**。例如，**"感谢您的反馈，能否指出具体需要改进的部分？我会根据您的建议进行调整。"**这样的话术既能展现你的专业态度，又能让你避免陷入对方设置的情绪陷阱。

为了帮助你打破被同事否定所带来的认知偏差，DeepSeek 会进一步追问**"领导在过去三个月里，在哪些方面表扬过你""你挨批评的次数是否多于团队的平均值"**等问题。DeepSeek 通过引导你回忆真实发生的情况，让你清晰地看到同事的评价并不客观，帮你重塑正确的自我认知。

DeepSeek 还会给出具有实践意义的建议。例如，**"下次被否定时，你可以记录具体内容并与过往的评价进行对比，若发现矛盾，比如自己之前获得过'创新奖'，现在却被他人评价'没创意'，你可以进行温和的反击。"**这种基于数据和事实的对比分析，能让你更敏锐地察觉到同事的不合理评价，并有针对性地采取行动。

DeepSeek 虽然能帮你识别关系中的潜在风险，但请注意以下两点。

（1）DeepSeek 的分析结果不能替代专业的心理诊断结果。

（2）如果对方的行为涉及暴力、自伤或自杀威胁，请立即报警或拨打相关的心理危机热线。

当那些"你太敏感""开不起玩笑"的利箭射来时，请先停下自我审判，你的不适感其实源自潜意识发出的警报。DeepSeek 能帮你看清哪些关系正在悄悄地消耗你，为你提供破局的建议。

现在，你可以打开 DeepSeek 的对话框，输入：最近一次让我产生自我怀疑的人是_____。你可以从叙述开始，一步一步夺回属于自己的人生叙事权。

科技向善的边界

🎯 **目标：学会安全地使用 DeepSeek，以保护心理边界与个人隐私。**

当我们赋予 DeepSeek 倾听心声的权力时，也在不知不觉间交出了一部分信任。在前五篇，我们系统学习了如何借助 DeepSeek 维护心理健康。然而，"保护隐私"是一个无法回避的重要问题。

本篇并非阻止大家倾诉，而是教大家巧妙设置隐私"安全锁"。更为关键的是，在这一篇，我们将一同培养清醒的判断力，明白 DeepSeek 不是真实的人，其建议源于大数据运算，我们不能期待 DeepSeek 像现实生活中的人一样给出我们期待的回应，更不能因为其回应在一定程度上能理解我们而产生依赖。

一、DeepSeek 的三大使用原则

使用原则一：设置每日对话上限

具体操作如下。

- **使用时间限制**：为了避免过度沉浸在与 DeepSeek 的交流中，我们需要明确规定每日与之对话的次数上限，例如，**每日对话最多不超过＿＿＿＿＿次，且每次对话的时长不超过＿＿＿＿分钟**。这样的时间约束既能让我们充分运用 DeepSeek 解答心理困惑，又能让我们避免因长时间使用 DeepSeek 而出现心理边界模糊的情况，甚至产生依赖。

- **心理依赖自测**：在系统学习并持续使用 DeepSeek 一段时间后，我们要定期开展自我审视和反思，例如，**如果离开 DeepSeek，我是否失去了独立应对情绪问题的能力**。通过这种自我检测，我们可以及时察觉潜在的心理依赖倾向，进而调整使用 DeepSeek 的方式，维护心理的独立性与自主性。

使用原则二：设置真人社交日

执行步骤如下。

- **固定时间**：将每周日设定为专属的**"无 AI 日"**。在这一天，我们可以主动切断与 DeepSeek 等人工智能工具的交互，创造全身心投入现实社交的机会，加强与他人面对面交流的情感联结。
- **替代方案**：在"无 AI 日"，我们可以参加线下活动或学习新的技能。

  （1）积极参加各类线下社交活动，如报名参加读书会、邀约三五好友一同爬山等。

  （2）学习一项新技能，如尝试烹饪一道新菜品等。
- **DeepSeek 辅助设计**：我们也可以巧妙借助 DeepSeek 为真人社交活动助力。例如，我们可以向 DeepSeek 输入指令"帮我规划本周日的真人社交活动"，它将根据用户的偏好和需求，生成具有创意性和可行性的方案，为线下社交增添更多的乐趣和可能。

使用原则三：交叉验证 DeepSeek 的建议

操作指南如下。

- **深度追问**：当收到 DeepSeek 给出的建议后，我们可以追问自己三个关键问题，具体如下。

  （1）**"这些建议与我的个人价值观是否契合？"** 通过这个问题，我们可以确保所采纳的建议符合自身的价值观，避免因盲目听从 AI 工具的建议而违背内心的原则。

  （2）**"这些建议是否有科学研究的支撑？"** 我们可以要求 DeepSeek 同步提供相关参考文献，以便从科学的角度审视建议的合理性与可靠性。

  （3）**"如果我的朋友面临同样的情况并采纳此建议，我会给予支持吗？"** 通过换位思考，我们可以从他人视角重新评估建议的可行性与适用性。

- **权威验证**：除了自我审视，我们还可以积极寻找权威渠道来验证 DeepSeek 所给建议的可行性，具体如下。

  （1）**专业咨询**：向有资质的真人咨询师求助，借助专业人士的经验和知识，对 DeepSeek 的建议使用原则一：
设置每日对话上限。

使用原则二：
设置真人社交日。

DeepSeek
的三大使用原则

使用原则三：交叉验证DeepSeek 的建议。

进行评估与补充，以获取更精准、专业的指导。

（2）**查阅图书**：广泛查阅心理学领域的权威图书，通过对比书中理论与 DeepSeek 的建议来拓宽视野，为决策提供更全面的参考依据。

二、必要时求助专业人士

我在前文提过，DeepSeek 很适合扮演"心理健身教练"的角色，助力大家应对日常的心理问题，如工作压力大、有社交焦虑等。然而，一旦遭遇"心理重疾"，如重度抑郁、创伤后应激障碍等，大家需要寻求专业心理医生的帮助。

请牢记一个简单的原则：如果某个症状已经严重到影响正常生活且持续时间超过两周，例如，你发现自己连续两周严重失眠，对曾经热爱的事物完全失去兴趣，或者反复出现伤害自己的念头，那么你必须求助专业人士。

哪些情况需要专业人士和机构介入呢？

重度抑郁

- **生理信号**：连续两周出现失眠或嗜睡症状，食欲发生急剧变化（体重波动幅度超过 5%），每天早上醒来便觉得"活着毫无意义"。

- **行为信号**：回避大部分甚至所有社交活动，工作和学习能力出现断崖式下降，出现自伤倾向（如划伤手臂等）。

创伤后应激障碍

- **生理信号**：当听到特定关键词（如"车祸""暴力"等）时，会出现强烈的生理反应（如心悸、产生窒息感等）。

- **行为信号**：长期抵触讨论相关话题，却频繁在梦中重现创伤场景。

精神分裂症

- **生理信号**：出现幻觉 / 妄想，笃定自己"被监控"或"身负特殊使命"，并且拒绝进行理性探讨。

- **行为信号**：语言混乱，说话完全没有逻辑。

三、DeepSeek 心理支持功能的局限

DeepSeek 在认知行为疗法、精神分析及人文关怀三个方面存在局限。

认知行为疗法的算法困境

人性呈现出复杂多面的特征。当 DeepSeek 把焦虑解析为"认知偏差—躯体化反应—回避行为"这种线性因果链条，并依据"修复系统漏洞"的固有逻辑来生成干预方案时，它难以解答一个根本的问题：**为何相同的认知偏差在不同个体身上会引发截然不同的结果？**

例如，为何某种认知偏差会让一些人产生抑郁情绪，而让另一些人产生独特的创造力？

DeepSeek 进行公式化处理的本质是，用算法的高效性掩盖了人性的复杂性。这极有可能过度简化人类丰富多样的心理问题。真人咨询师往往需要通过数十次咨询，才能与来访者建立稳固的信任关系，DeepSeek 却仅凭三次左右的对话，就生成"认知重构报告"。

这种标准化的报告很可能忽略来访者潜意识中对改变所存在的抗拒心理，或者忽略不同文化背景的人对"合理认知"的不同理解。例如，虽然 DeepSeek 能快速识别焦虑模式，但无法理解不同的人背后的独特经历。

在精神分析领域，DeepSeek 无法深度触及潜意识

AI 的词典里没有"移情"一词，所以它无法理解为何你会因为一句简单的"我理解你"而潸然泪下；AI 的数据库里也没有"主体间性"的相关内容，所以它无法用自身的人格特质无声地影响你，而只能作为没有主体性的辅助工具：当它用算法解析你的痛苦时，你的痛苦是否也正在被算法重新定义？

当你对 DeepSeek 说出"你终于懂我了"这句话时，DeepSeek 根本识别不出这可能是你退行回 6 岁，与妈妈的和解，DeepSeek 无法理解这种补偿性移情，更无法处理由此产生的伦理风险。

这种技术上的局限反映了深层次的危机：AI 在解析

痛苦时，实际上也是在用算法垄断对痛苦的解释权。正如海德格尔所阐述的那样：**情绪并非可被对象化的"存在者"，而是人类存在于世的一种基本方式。**

当 DeepSeek 得出"你的愤怒源于童年创伤"这一结论时，这可能诱导用户在无意识间重构记忆以适配算法逻辑，用户可能进入"叙述痛苦经历—AI 进行解释—自我叙事改造—强化算法权威"的循环，这个过程在悄然间消解了人的主体性。

技术理性不能替代人文关怀

当 DeepSeek 将"孤独"简单机械地定义为"社交频率低于最低临界值"时，实际上抹杀了两种截然不同的孤独形态：**一种是在深夜静静阅读时所体验到的那种清醒且深邃的孤独；另一种是身处喧闹人群中所体验到的那种充满张力的孤独。**

DeepSeek 的诊断标准是理性的，也是冷漠的。它可能忽视"抑郁有可能是个体的一种本能且健康的抵抗方式"，也可能忽视"焦虑或许是个体在重构生命意义的过程中必须经历的一种阵痛"。

DeepSeek 标准化的分析可能忽视个体的独特需求，本质上是在进行一场降维式关怀——将"共情"压缩为"算法"，将"关系"异化为"实验结果"，削弱了人与人之间的真实联结。

DeepSeek 可以作为"智能手电筒"，但绝不能成为"精神手术刀"。真正的治愈需要捍卫对痛苦的解释权，需要给潜意识、移情、超越性体验留下质疑的空间。毕竟，**痛苦不是代码，而是能冲破代码的生命力。**

四、数据安全与自我管理

为平衡数字疗愈和生活边界，我们需要为隐私设置安全防护。

我们可以设立三重防护机制：首先设定每天 30 分钟的对话上限，避免过度沉浸；其次定期备份对话记录，防止丢失珍贵的心灵资料；最后启动手机隐私保护模式，通过生物识别验证（如指纹 / 面部识别）构筑物理屏障，确保我们与 DeepSeek 的每一次对话都在专属的安全空间进行。

请记住，不可将 DeepSeek 的分析结果直接当作诊断结论。在心灵的海洋中，真正掌舵前行的人只能是自己。另外，当遭遇重度抑郁等惊涛骇浪时，大家一定要及时求助专业人士。

至此，大家已经学会了如何与 DeepSeek 一起完成一场了不起的自我探索之旅。改变或许像蜗牛爬行般缓慢，但当我们回头看时会发现：我们已经能用新的视角来查看那些曾经觉得无法跨越的心理鸿沟。虽然技术是冰冷的，但是我们的成长是滚烫的。每一次提问都是我们向"成为独一无二的自己"迈进的一小步。

后记

回顾这段阅读之旅，从最初只能生涩地与 DeepSeek 开启对话到现在，你已经一步步掌握了诸多能力，具体如下。

（1）基础能力：学会与 DeepSeek 进行高效对话，掌握有效的提问模板，能够借助它进行情绪分析。

（2）核心能力：懂得运用 DeepSeek 实现认知重塑，进行危机干预及开展目标管理。

（3）高阶能力：借助 DeepSeek 探索潜意识，识别消耗型人格。

本书的目的并非将你打造成一个完美的人，让你做到永不崩溃、从不焦虑且永远充满正能量。恰恰相反，本书想向你传达一个信息：情绪崩溃并非心灵漏洞，而是灵魂渴望理解的信号；DeepSeek 并非问题的答案，而是助力你开启自我觉察的快捷方式。

或许你在第一次使用 DeepSeek 时，连"愤怒"和"失望"都分不清，但是现在你可以清晰地识别出情绪背后的需求。你不仅收获了技能，还收获了对自我的深刻认知。

这些进步不是数据堆砌的结果，而是你愿意一次次直面内心痛苦的结果。

当你合上本书时，希望你秉持这样的信念：DeepSeek 不是答案，而是一把打开心门的钥匙。技术会不断迭代，界面会持续更新，但心理成长的本质始终未变 —— 它关乎勇气（敢于承认自己需要帮助）、智慧（懂得选择合适的工具）、慈悲（友善对待自己与他人）。

最后，请允许我以心理咨询师的身份，给你三条贴心的提醒。

（1）永远珍视那些 AI 无法衡量的美好：朋友突如其来的拥抱，陌生人善意的微笑，夕阳洒落在肩头的温暖。

（2）**允许自己偶尔"退行"**："在取得微小的进步后突然情绪崩溃"并不意味着失败，这只是你的心灵在整合新技能的一个过程。

（3）**把使用 DeepSeek 当作自我探索的起点，而非终点**：真正的疗愈始于你敢于对爱人说出"我需要"，对伤害说出"我拒绝"的那个瞬间。

从今天起，你将成为自己心理健康的第一责任人，愿本书变成你探索内心的指南针。未来，DeepSeek 会持续迭代出更好的版本，你也将与 DeepSeek 共同成长，一步步变成更好的自己。

5 节精选音频课扫码查看

1. 关于投射：别人狠狠攻击你的点，其实是他自己最大的痛点

2. 关于人格：识别人格来升级人生系统

3. 关于祛魅：一个人变强的开始是对世界祛魅以后

4. 关于关系：改变关系模式，从改变"投射源"开始

5. 关于爱情：让爱情少走弯路的 6 个真相